国家自然科学基金面上项目（51874164）
2020年度辽宁省高等学校创新人才支持计划项目

同忻煤矿
地质动力环境分析与矿压显现规律研究

陈　蓥／著

中国矿业大学出版社
·徐州·

内 容 简 介

本书综合运用地质动力区划理论和方法、矿山压力与岩层控制理论,首次论述了大同矿区地质动力环境及其对开采过程中矿压显现的控制作用;确定了同忻井田"双系两硬"开采条件下覆岩纵向大结构面接触失稳模式及失稳判据;形成了"地质动力环境分析—覆岩结构及其演化—矿压显现及其控制—安全开采方案优化"的矿压显现与控制的研究思路。

本书可供采矿工程及相关专业的科研与工程技术人员参考。

图书在版编目(CIP)数据

同忻煤矿地质动力环境分析与矿压显现规律研究/
陈蓥著. —徐州:中国矿业大学出版社,2022.5
ISBN 978 - 7 - 5646 - 5393 - 4

Ⅰ. ①同… Ⅱ. ①陈… Ⅲ. ①煤田地质—动力地质学
②煤田地质—矿压显现 Ⅳ. ①P618.110.2

中国版本图书馆 CIP 数据核字(2022)第 086383 号

书　　名	同忻煤矿地质动力环境分析与矿压显现规律研究
著　　者	陈　蓥
责任编辑	王美柱
出版发行	中国矿业大学出版社有限责任公司
	(江苏省徐州市解放南路　邮编221008)
营销热线	(0516)83884103　83885105
出版服务	(0516)83995789　83884920
网　　址	http://www.cumtp.com　E-mail:cumtpvip@cumtp.com
印　　刷	徐州中矿大印发科技有限公司
开　　本	787 mm×1092 mm　1/16　印张 8.5　字数 217 千字
版次印次	2022 年 5 月第 1 版　2022 年 5 月第 1 次印刷
定　　价	45.00 元

(图书出现印装质量问题,本社负责调换)

前　言

　　大同煤田为侏罗纪和石炭二叠纪煤层共同赋存的双系煤田，浅部侏罗系煤炭资源已趋于枯竭，深部石炭二叠纪煤层可采储量多达 300 亿 t。同忻煤矿作为开采石炭二叠纪煤层的千万吨级主力矿井，开采条件具有"双系两硬"的典型特点，开采过程中遇到了强矿压显现、覆岩纵向大结构破坏、双系煤层采空区连通、回采巷道围岩失稳等影响矿井安全高效生产的诸多问题。因此，在同忻井田"双系两硬"的开采条件下，基于地质动力环境分析，研究矿压显现发生的动力条件、覆岩运动与破坏规律、强矿压控制技术、安全开采方案显得尤为重要和迫切，对实现大同煤矿集团有限责任公司（以下简称同煤集团）可持续发展与建设晋北国家大型煤炭基地具有重要意义。

　　本书综合运用地质动力区划理论和方法、矿山压力与岩层控制理论，在对同忻井田"双系两硬"煤层赋存特点与岩层结构特征研究的基础上，从区域构造运动、构造应力场、地震活动性方面分析评价了同忻井田的地质动力环境，阐述了地质动力环境对开采过程中矿压显现、覆岩运动及失稳的作用机制；分析了大同矿区新构造运动——口泉断裂的水平挤压与垂直升降对同忻井田矿压显现的控制作用；在构造断块划分的基础上，建立了同忻井田地质构造模型；结合地应力测量，对同忻井田的岩体应力状态进行了深入细致的分析，划分了井田构造应力升高区、降低区及梯度区；揭示了断裂构造、岩体应力、顶板岩性等多个因素对矿压显现强度的影响作用；基于多因素模式识别对井田矿压显现强度进行了区域划分；利用钻孔数据，建立了覆岩结构三维地质体模型，分析了双系煤层间覆岩结构特征与岩性组合特点；在相似材料模拟与数值模拟的研究基础上，提出了"双系两硬"工作面覆岩纵向大结构面接触失稳模式及失稳判据；提出了工作面及回采巷道强矿压显现的控制技术；在覆岩运动与破坏规律研究基础上，提出了分层开采、离层注浆、充填开采等安全开采方案。

　　本书首次论述了大同矿区地质动力环境及其对开采过程中矿压显现的控制作用；确定了同忻井田"双系两硬"开采条件下覆岩纵向大结构面接触失稳模式及失稳判据；形成了"地质动力环境分析—覆岩结构及其演化—矿压显现及其控制—安全开采方案优化"的矿压显现与控制的研究思路。上述研究成果对掌握大同矿区类似开采条件下矿压显现规律，实现安全高效生产具有重要的指导意义。

　　由于作者水平所限，书中难免存在疏漏之处，恳请读者批评指正。

著　者

2022 年 3 月

目　　录

1　绪　　论

1.1　选题背景及研究意义

煤炭是我国最主要的一次能源,也是我国战略上最安全和最可靠的能源,它的重要战略资源地位无法动摇。煤炭在世界一次能源消费结构中占 20% 以上,低于石油(40%)、天然气(23%)。而我国的一次能源消费结构中,煤炭长期居于首位,自 2016 年以来,我国煤炭占能源消费总量一半还多(图 1-1),并且我国"富煤、贫油、少气"的能源格局更决定了煤炭资源的重要地位在未来相当长的一个时期内不会改变。因此,煤炭工业健康、稳定、持续的发展是关系到国家能源安全的重大问题。

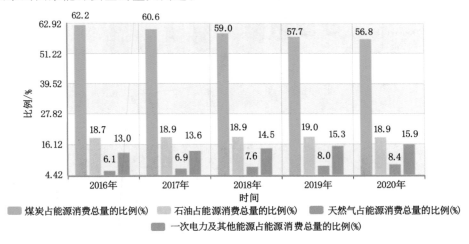

图 1-1　2016—2020 年中国一次能源消费构成

我国是一个集能源生产和消费于一体的大国,能源对国民经济发展的重要性毋庸置疑[1]。根据国家统计局 2019 年发布的信息(图 1-2),2018 年我国生产 37.7 亿 t 标准煤,其中原煤占 69.31%;消费 46.4 亿 t 标准煤,其中煤炭占 59%,在过去十年,煤炭在我国能源生产和消费结构中的比例分别在 60% 和 50% 以上,在未来相当长的时间内煤炭仍然是我国能源生产和消费结构的主要组成部分[2]。煤炭对我国有着很大的战略意义,给国家和人民带来了巨大的经济效益,然而煤矿事故也给国家和人民的生命财产造成了严重威胁。根据公开发表或出版的文献资料,2000—2016 年间,我国共发生煤矿重大事故 4 542 起,造成 7 598 人死亡,特大事故 80 起,造成 488 人死亡[3]。煤矿事故多发生在井工矿开采过程中。由于我国煤炭资源成煤时期多,分布地域广,地质构造条件复杂,随着煤炭资源的大规模开采与采深的逐年增加,煤矿事故灾害的发生频率不断增长,部分矿井面临着煤与瓦斯突出、冲击地压、顶板、动力显现、水、火等灾害,严重影响了矿井的高产高效,而且极大地威胁着工人的生命安全。本着资源可持续发展与以人为本的原则,国家对矿井安全生产的重视程度在逐步提高。

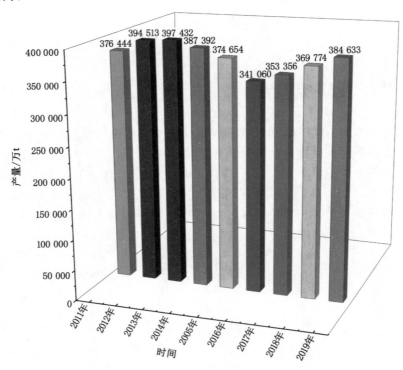

图 1-2　2011—2019 年我国煤炭产量

实现煤矿安全高效生产一直是从事煤炭资源开发工作者不变的追求,但由于对煤层的赋存环境以及岩体受到开采扰动后其变形机理、应力分布、能量聚集等情况的了解还不够深入,仍有一些因素影响着矿井的安全生产。其中水、火、瓦斯、顶板是煤矿的四大灾害。顶板事故发生频率高,在煤矿各类事故中所占比例大。据统计,2000—2015 年,全国煤矿共发生安全事故 35 022 起,造成 59 626 人死亡,其中顶板事故 18 059 起,造成 21 308 人死亡,分别占同期全国煤矿事故起数和死亡人数的 51.56% 和 35.74%[4]。2015 年,全国共发生煤矿死亡事故 352 起,造成 598 人失去生命;其中发生 132 起顶板事故,死亡 169 人,分别占全国煤矿事故起数和死亡人数的 37.5% 和 28.3%,顶板事故显然是煤矿安全生产事故的"头号杀手",居各类煤矿事故之首[5]。再者,据国家或地方煤矿安全监察局网站、公开发表的文献资料,2009—2018 年全国发生的各类型死亡事故中,顶板事故共 3 255 起,占事故总起数的 45.85%,顶板事故发生率最高,累计造成死亡的人数也最多(图 1-3)[6]。可见,顶板事故造成的死亡人数占总死亡人数的比例一直居高不下,成了威胁矿井安全生产的主要因素。顶板事故的发生与覆岩结构特征与运动规律密切相关。覆岩的运动与破坏形成了矿山压力显现,也是引起顶板事故的主要原因之一。在矿山压力作用下,会产生各种力学现象,如岩体的变形、破坏、塌落,支护体的变形、折损,以及在巷道或采场中产生动力现象。在大多数情况下,强烈的矿压显现会对采矿工程及采矿工作者造成不同程度的影响与危害。为减弱强矿压显现对采矿工作的不利影响,保障安全生产,必须对其发生的机理及显现特征进行研究,做好预测,有效防治,实现矿井安全高效生产。

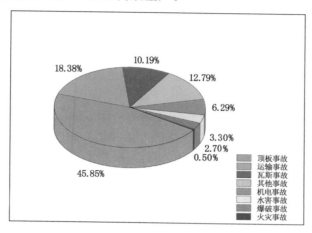

图 1-3 2009—2018 年煤矿各类灾害事故所占比例分布图

同煤集团现主要开发的大同煤田为侏罗系和石炭二叠系共同赋存的双系煤田,浅部侏罗系煤炭资源趋于枯竭,深部石炭二叠纪煤层可采储量多达 300 亿 t。石炭二叠纪煤层赋存较深,厚度大且结构复杂,顶板和煤层均为坚硬煤岩体。大同矿区塔山煤矿、同忻煤矿作为开采石炭二叠纪煤层的千万吨级主力矿井,井田上覆岩层破坏特征、结构形态和运动规律具有其特殊性,这与"双系两硬"煤层自身岩层结构组成特征、覆岩运动与破坏规律以及双系开采相互影响有密切关系。

同忻煤矿开采石炭二叠纪煤层,对应的浅部矿井有同家梁煤矿、大斗沟煤矿、永定庄煤矿、煤峪口煤矿、忻州窑煤矿。浅部矿井均开采侏罗纪煤层,侏罗纪煤层存在"两硬"条件,开采过程中出现了顶板不易垮落、冲击载荷显现、动载系数大,严重时出现了冲击地压等动力现象。开采石炭二叠纪煤层的同忻煤矿同样存在"两硬"条件,而且面临着侏罗纪煤层的开采扰动,在生产过程中已多次遇到了上覆岩层纵向大结构破坏和强烈的矿压显现。仅同忻煤矿 8100 综放工作面在 2011 年 3 月 25 日—4 月 6 日期间就出现了四次强烈矿压显现,主要表现为:(1)采空区顶板大面积垮落并伴有响声;(2)液压支架增阻明显、安全阀开启频繁、立柱破坏(后柱缸体爆裂、支架后摆梁千斤顶后腔管断裂),前刮板输送机哑铃销断裂等;(3)巷道底鼓和片帮严重、顶板下沉量大、煤炮声不断;(4)顶板坚硬不易垮落、顶板来压显现剧烈;(5)超前压力影响范围大。在开采 8106 工作面时,石炭二叠纪煤层采空区通过采动裂隙与浅部侏罗纪煤层采空区连通,导致有毒有害气体涌入 8106 工作面,安全生产受到严重威胁。上述问题给矿井安全高效生产带来了较大影响。因此,开展对同忻井田区域地质动力环境、"双系两硬"煤层覆岩破坏与运动规律、矿压显现规律、围岩控制技术等内容的研究是实现同忻井田"双系两硬"煤层安全高效开采的重要前提和基础,对实现良好的经济效益和社会效益具有十分重要的意义。

本书针对大同矿区地质动力环境特征和双系煤层覆岩赋存特点,对同忻井田"双系两硬"开采条件下覆岩运动与破坏规律、矿压显现规律进行研究,建立"地质动力环境分析—覆岩结构及其演化—矿压显现及其控制—安全开采方案优化"的矿压研究新思路,形成一套适合于同忻井田"双系两硬"煤层的覆岩运动、矿压显现与围岩控制的安全开采技术。

1.2 国内外研究综述

1.2.1 地质动力环境研究现状

1950 年代古地磁的研究测得各地在地质时代中的磁极位置变化多端,用大陆固定论无法解释,采用 1912 年德国学者魏格纳(A. L. Wegener)提出的大陆漂移说则可得到圆满解释,随之大陆漂移学说受到重视。1960 年代美国地质学家迪茨(R. S. Dietz)和赫斯(H. H. Hess)提出了海底扩张学说[7-8],论述了地壳的产生和消亡,并获得深海钻探的验证。1965 年加拿大学者 J. T. 威尔逊定义了转换断层的概念,并指出连绵不绝的活动带网络将地球表层划分为若干刚性板块。1967—1968 年法国人勒皮雄(X. Le Pichon)、美国人麦肯齐(D. P. McKenzie)等将转换断层概念外延到球面上,定量地论述了板块运动,阐述了板块构造学说的基本原理。板块构造学说是在大陆漂移学说、海底扩张学说的基础上,综合了大洋和大陆的地质研究资料发展而来的,可以说大陆漂移学说是海底扩张学说和板块构造学说的先驱,海底扩张学说是大陆漂移学说的新形式,板块构造学说是海底扩张学说的引申。

著名弹性力学家勒夫(A. E. H. Love)在 1911 年出版的《地球动力学的若干问题》的著作中首次提出了地球动力学,他对地壳的均衡、固体潮、纬度变化、地球内的压缩效应、引力不稳定性以及行星体振动进行了卓越的研究。在 1960 年代提出板块构造学说以后,地球动力学与板块构造学说相结合,从地球整体运动、地球内部和表面的构造运动方面探讨其动力演化过程,进而寻求它们的驱动机制。这些研究对于矿产和油气资源的探测与开发,地质与地震灾害的预测和减轻,大型工程稳定性的评估,都有重要的意义和应用价值。

地质动力区划的概念是在 1970 年代末期由俄罗斯自然科学院院士 И. М. 佩图霍夫(И. М. Петухов)教授和俄罗斯自然科学院通讯院士 И. М. 巴杜金娜(И. М. Батугина)教授提出的。地质动力区划其理论基础是地球动力学和板块构造学说,可应用于矿区自然地质动力状况评价、矿井动力现象预测、大型工程稳定性评价等方面。地质动力区划引入中国后,经段克信教授以及以张宏伟教授为首的科研团队 30 余年的研究、发展、完善,已成功应用于预测煤与瓦斯突出、冲击地压、矿压显现等方面,在多个矿区取得了良好的效果。地质动力区划根据地形地貌的基本形态和主要特征决定于地质构造形式的原理,通过对地形地貌的分析,查明断裂的形成与发展,确定活动断裂及断块间的相互作用方式。利用地应力测量、数值分析、3S(GIS、GPS、RS)等技术手段,确定区域地质构造形式、构造背景、岩体应力状态等,划分地质动力灾害及强矿压显现危险区域,为人类的工程活动提供地质环境信息和预测工程活动可能产生的地质动力效应[9]。

构造活动对矿井动力环境的影响和控制作用研究,一方面通过对区域构造形式的分析来进行;另一方面通过对活动断裂的形式、组合方式、运动强度等的分析来进行。地质动力环境是对地壳结构特征和运动特征的评价。它指在自然地质条件下,构造形式、构造运动、构造应力、岩层特征等及其组合模式,对井田煤岩体的动力作用效应[10]。张宏伟等利用地质动力区划方法,将北票矿区简化成由 10 条断裂组成的弹性平面模型,得出了 I 级断裂所形成的区域应力场是北票矿区地震的主要成因,矿区开采是地震的诱导因素[11]。张宏伟等以板块构造理论为基础,以区域构造形式为主要研究对象,对吕家坨井田进行了活动断裂的划分与岩体应力分析,确定了区域岩体应力分布规律,并对矿井开采所引起的矿山压力显现作出了预测[12]。宋卫华等进行了区域构造应力场数值模拟,结果表明:煤矿区域原岩应力分布状态主要受断裂构造的支配,断裂构造的叠加扰动使原岩应力场重新分布[13]。任啸等以阜新五龙矿为研究对象,系统地分析了现代活动构造及其应力场对浅源地震和矿震的影响、矿震与浅源地震的特性及其时空分布规律,最终确定了二者在时空上的相关性[14]。韩军等针对矿区的地形地貌特征,提出了构造凹地的概念,基于理论分析和现场测量对构造凹地的地质动力状态的研究表明,构造凹地具有较高的水平构造应力,且水平差应力显著[15]。韩军利用 GIS 确定煤矿冲击地压的地质动力环境,分析了中国的Ⅰ、Ⅱ级活动板块和活动断裂与冲击地压矿井的空间相关性的联系,对冲击地压的地质动力条件进行论述,以抚顺矿区为实例,此区域内主要断裂构造体为郯庐断裂带的南侧分支——敦化—密山断裂,成功分析了冲击地压的地质动力环境[16]。

大量的研究表明,在一定的地质条件下,采场围岩的应力分布、采场结构的形成和采场顶底板运动规律与地质构造有着密切的联系。孟召平等[17]、李志华等[18]研究表明,断层导致初始应力场发生变化,在采动影响下断层被"活化",不同的推进方向、断层倾角、断层强度、断层落差、基本顶厚度和基本顶强度下,工作面支承压力有不同的变化规律。陈国祥等利用数值计算得出,褶皱构造区具有初始地应力场分布的非均匀性,褶皱的不同部位冲击危险性不同,并确定了工作面最优的推进方向[19]。韦四江等研究表明,滑动构造作用下,工作面超前支承压力峰值所在位置比无构造时远得多,但应力集中系数较低,工作面前方的煤岩体破坏范围大[20-21]。封泽鹏研究得出,在镇城底矿中逆断层对 22602 工作面回采造成了较大影响,工作面推进至断层附近时,顶板垮落高度增加,周期来压步距减小;运用数值模拟研究了断层构造附近的顶板运动规律,结果表明,地质构造对顶板运移规律有较大的影响[22]。

1.2.2 采动覆岩结构演化与矿山压力研究现状

学者们针对覆岩可能形成的结构提出了众多假说和理论,用以解释采场各种矿压现象。

德国学者施托克(K. Stoke)于 1916 年提出了悬臂梁假说(图 1-4)。此假说认为,工作面和采空区上方的顶板可视为梁,初次垮落后,顶板一端固定于岩体内,另一端则处于悬伸状态,当悬伸长度很大时,发生有规律的周期性折断,从而引起周期来压。它可以解释工作面周期来压与来压步距关系、顶板下沉与支架受力关系,以及工作面前方出现的支承压力和工作区出现的周期来压现象。

德国学者哈克(W. Hack)和吉里策尔(G. Gillitzer)于 1928 年提出了压力拱假说。该假说认为,采场在一个"前脚(B)在煤壁、后脚(A)在采空区"的拱结构的保护之下。压力拱假说模型见图 1-5。随着工作面向前推进,A、B 拱脚也随之向前移动。A、B 拱脚处均为应力增高区(S_1、S_2),而工作面则处于应力降低区。在 A、B 拱脚之间顶板和底板中都形成了一个减压区(L_1),工作面内的支架只承担压力拱 C 内的岩石重力。这种观点解释了两个重要的矿压现象:一是支架承受上覆岩层的范围是有限的;二是煤壁上和采空区矸石上将形成较大的支承压力,其来源是控顶上方的岩层重力。

比利时学者 A.拉巴斯于 1950 年代初提出了预成裂隙假说,假塑性梁是此假说的主要组成部分。此假说认为在采煤工作面周围存在着应力降低区、应力升高区和采动影响区,随着工作面的推进,三个区域同时相应地向前移动。采动岩体形成各种裂隙,从而形成假塑性

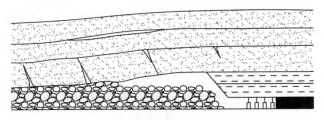

图 1-4　悬臂梁假说示意模型

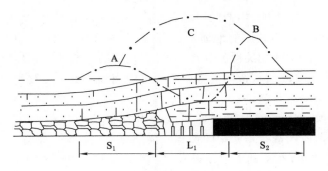

图 1-5　压力拱假说示意模型

梁。预成裂隙假说模型见图 1-6。

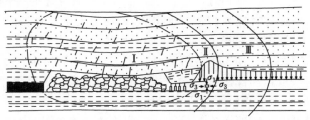

Ⅰ—应力降低区；Ⅱ—应力升高区；Ⅲ—采动影响区。
图 1-6　预成裂隙假说示意模型

　　苏联学者库兹涅佐夫（Γ. H. Кузнецов）于 1950—1954 年提出了铰接岩块假说（图 1-7）。该假说认为，需要控制的顶板由垮落带和其上方的铰接岩块组成。铰接岩块在水平推力的作用下，构成一个平衡结构。铰接岩块假说解释了采场周期来压现象，首次提出了直接顶厚度的计算公式，并从控制顶板的角度出发，揭示了支架载荷的来源和顶板下沉量与顶板运动的关系。

　　在悬臂梁假说、压力拱假说、预成裂隙假说、铰接岩块假说等传统矿山压力假说基础上，国内很多学者对采场覆岩结构和围岩应力分布进行了系统研究，提出了许多具有重要指导意义的理论或观点。

　　钱鸣高院士等在铰接岩块假说和预成裂隙假说的基础上，借助现场大量实测资料，研究了裂缝带岩层形成结构的可能性和结构的平衡条件，提出了上覆岩层开采后呈砌体梁式平衡的结构力学模型[23-24]（图 1-8），形成了"砌体梁"理论。该理论认为采场上覆岩层的岩体结构主要由多个坚硬岩层组成，每个分组中的软岩可视为坚硬岩层上的载荷，此结构具有滑落和回转变形两种失稳形式。"砌体梁"理论提出了上覆岩层结构形态与平衡条件，为论证

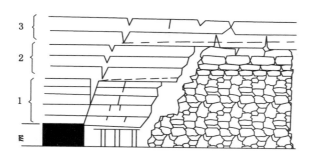

m—采厚;1—不规则垮落带;2—规则垮落带;3—裂缝带。

图 1-7 铰接岩块假说模型

采场矿山压力控制参数奠定了基础。

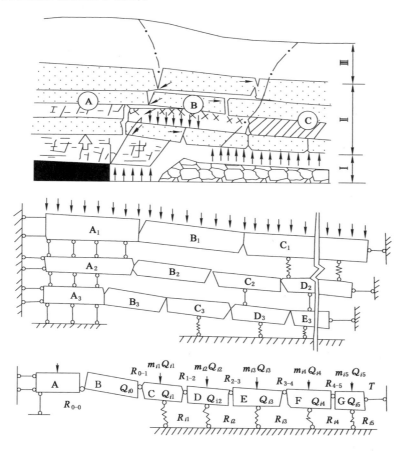

A—煤壁支撑影响区;B—离层区;C—重新压实区;Ⅰ,Ⅱ,Ⅲ—分别为垮落带、
裂缝带及弯曲下沉带;*T*—结构的水平推力;*Q*—载荷;*R*—岩块间铰接力及支撑力;
m—载荷系数;*i*—任意承载层号;A,B,…,G—铰接岩块。

图 1-8 采场上覆岩层中的"砌体梁"结构模型

针对坚硬顶板工作面,太原理工大学贾喜荣将基本顶岩层视为四周为各种支撑条件下的"薄板"并研究了薄板的破断规律、基本顶在煤体上方的断裂位置以及断裂前后在煤与岩体内所引起的力学变化[25]。钱鸣高院士等提出了岩层断裂前后的弹性基础梁模型,从理论上证明了"反弹"机理并给出了算例[26];提出了各种支撑条件下的 Winkler 弹性基础上的 Kichhoff 板力学模型[27-28],基于基本顶岩层形成砌体梁结构前的连续介质力学模型分析了顶板断裂的机理和模式。姜福兴对长厚比小于 5～8 的中厚板进行了解算,得出了重要结论[29]。

宋振骐院士在大量现场观测的基础上,建立并逐步完善了以岩层运动为中心,预测预报、控制设计和控制效果判断三位一体的实用矿压理论体系,即"传递岩梁"理论[30-31](图 1-9)。这一理论揭示了岩层运动与采动支承压力的关系,并明确提出了内外应力场的观点,阐明了系统的采场来压预报理论和技术;提出了以"限定变形"和"给定变形"为基础的位态方程(支架围岩关系),以及系统的顶板控制设计理论和技术。姜福兴教授等在"砌体梁"和"传递岩梁"理论的基础上,通过大量现场观测、实验室研究和理论研究,基于"岩层质量的量变引起基本顶结构形式质变"的观点,提出了基本顶存在类拱、拱梁和梁式三种基本结构[32],并提出了定量诊断基本顶结构形式的"岩层质量指数法"[33-34],得出了基本顶结构的形式和直接顶的运动参数,进而实现了顶板控制的定量设计。钱鸣高院士等于 1996 年提出了岩层控制的关键层理论[35],将对上覆岩层活动全部或局部起控制作用的岩层称为关键层。关键层的破断将导致全部或相当部分的上覆岩层产生整体运动,研究得出了覆岩中关键层的破断规律,并进一步探讨了采场覆岩中关键层上载荷的变化规律,给出了覆岩关键层位置的判断方法。关键层理论把采场矿压、岩层移动、地表沉陷等方面的研究在力学机理上有机统一为一个整体,为岩层控制理论的进一步研究奠定了基础。许家林等基于关键层理论进行实验研究,模拟研究表明关键层破断块度越大,其对地表下沉曲线特征的影响越显著,相应地表下沉曲线的非正态分布特征越显著;总结分析了关键层对其上覆岩层及地表移动起控制作用,主关键层的破断将导致上覆所有岩层的同步破断与地表快速下沉,从而表明地表下沉是表土层与覆岩关键层运动的耦合结果[36]。周睿等在防治冲击地压过程中,在关键层理论的基础上,建立了逆断层上盘开采工作面的断层活化力学分析模型,获取了相应的力学表达式,计算得出断层活化范围,为煤岩的控制作用提供了依据,为关键层运用提供了一种新的途径[37]。翟英达借助块体理论,通过力学分析,系统研究了面接触块体结构的力学特性[38],获得了面接触块体结构中力的传递规律,并给出了该种结构的稳定条件,同时研究了块体几何参数以及结构偏转角对结构稳定性的影响,建立了基本顶岩层的面接触块体结构理论框架。

随着综放开采技术的发展、推广和应用,国内外学者对综放采场的岩层活动及矿山压力显现特点进行了研究,取得了一些较为一致的认识。即综放采场仍然存在周期性的压力变化,支架载荷和矿压显现不大于分层开采,而在某些条件下又表现出较为明显的矿山压力显现。由于综采放顶煤工艺的显著特点是一次采出煤层厚度成倍增加,由此引起上覆岩层运动及结构变化与普通综采有着明显的差别,这就要求在此开采条件下探讨上覆岩层的活动规律和结构特点。

由于综放开采存在顶煤这一"垫层"作用,煤层顶板运动规律、结构变化、支架受力有其特殊性。邓广哲探讨了放顶煤采场上覆岩层运动的拱结构特征及其矿压和控制规律,借鉴拱壳结构力学分析方法,对放顶煤采场上覆岩层形成拱结构从宏观上作了初步分析[39]。姜

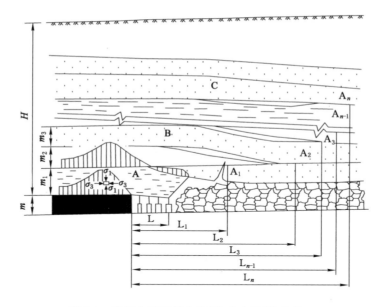

图 1-9　采场上覆岩层中的"传递岩梁"结构模型

福兴认为,由于顶煤的存在,基本顶的运动效应将被"弱化";基本顶的厚度和位态是变化的,其变化主要由顶煤的放出率控制,并推导了相关的公式[40]。闫少宏等基于放顶煤开采上覆岩块运动特点引入有限变形力学理论,提出了上位岩层结构面稳定性的定量判别式[41]。张顶立等提出"砌体梁"与"半拱"式结构结合而构成的综放工作面覆岩结构的基本形式[42]。贾喜荣等基于"弹性板与铰接板结构"力学模型把中厚煤层开采中采场矿压计算的分析方法推广到放顶煤工作面顶板来压计算中[43]。杨淑华等通过分析综放采场顶板结构以及它们的静力和动力学特征,论证了综放采场支架载荷有时比分层开采大而有时比分层开采小的力学机理[44]。吴健等研究认为,放顶煤采场上覆岩层存在梁式自稳结构,梁式自稳结构在水平挤压力作用下具有承载能力和变形特性[45]。靳钟铭研究指出,综放工作面从顶煤至基本顶可形成半拱式砌体梁、搭桥式传递岩梁、悬臂岩梁和压力拱四种结构,并分析了拱的成拱机理和形态特征[46]。谢广祥[47]、杨科[48]在大量现场实测分析基础上,揭示了采场围岩力学特征的层厚效应、柱宽机制、推进速率响应及减缓动力灾害机理。苏旭对顶煤的变形破坏机理进行了系统分析,将顶煤变形分为初始变形区、稳定变形区、加速变形区三个区域,顶煤强度破坏前的发展取决于支承压力的增大情况,强度破坏后的发展则取决于变形的增大情况,而顶板回转和支架反复支撑作用可使顶煤产生较大的变形,即顶煤的破碎主要表现为大变形失稳[49]。黄传贤等研究分析了综采放顶煤支架受力与顶板结构的关系,阐述了综放采场支架载荷的力学机理,结合综采放顶煤支架架型设计的实际情况,为支架设计、选型奠定基础[50]。乔懿麟等研究了煤壁前方煤体上超前支承压力的影响范围,发现应力峰值直接影响综放开采顶煤的破坏程度,同时建立了不同采放比模型,确定了顶板位移较小、有利于顶板管理的最优采放比,从而提高工作面采出率[51]。

1.2.3　回采巷道围岩控制理论与技术研究现状

回采巷道作为直接服务于工作面的通道,它的稳定与否时刻关系到矿井的安全高效生产能否实现,因此回采巷道围岩的控制理论及技术受到众多学者关注,他们开展了大量的研究工作。1907年,俄国学者普罗托吉雅可诺夫提出普氏冒落拱理论,该理论认为巷道具有自承能力,巷道开挖后,其上方会形成一个自然平衡拱,下方冒落拱的高度与地下工程跨度和围岩性质有关[52]。20世纪60年代,奥地利工程师拉布采维茨在总结前人经验的基础上,提出了新奥法,其核心思想是充分利用围岩的自承能力和开挖面的空间约束作用,以锚杆和喷射混凝土为主要支护手段,及时对围岩进行加固,约束围岩的松弛和变形[53]。20世纪70年代,萨拉蒙等又提出了能量支护理论,该理论认为支护结构与围岩相互作用、共同变形,主张利用支护结构的特点,使支架自动调整围岩释放的能量和支护体吸收的能量,支护结构具有自动释放多余能量的功能[54]。日本学者山地宏和樱井春辅提出了围岩支护的应变控制理论,该理论认为隧道围岩的应变随支护结构的增加而减小,而总的允许应变则随支护结构的增加而增大,可通过增加支护结构来控制围岩应变[55]。

我国的专家学者在总结前人成果的基础上,结合我国矿山实际围岩条件与围岩控制技术,根据五类巷道围岩控制原理:控制围岩松动载荷、控制围岩变形、在围岩中形成承载结构、改善围岩力学性质和控制应力,提出了一些巷道围岩控制理论与方法[56]。陆家梁[57]、郑雨天[58]在新奥法的基础上提出了联合支护技术,基于先柔后刚、先抗后让、柔度适度、稳定支护的原则发展了锚喷网技术、锚喷网架技术、锚带网架技术等联合支护技术。林崇德采用数值模拟分析了分区破裂的产生及演化过程,指出岩体初始应力水平、侧压系数及巷道断面形状等对巷道围岩分区破裂化都有显著影响[59]。侯朝焕等认为提高煤帮支护能力能够显著增强煤层巷道稳定性[60-61]。朱德仁等[62-63]提出的岩石工程破坏准则揭示了岩石的"强度破坏与其某种利用性质改变或消失对应的力学状态"与岩石的"工程破坏与其某种使用功能改变或消失对应的工程状态"之间的差异与联系。何满潮[64]、王俊臣等[65]从软岩巷道关键部位二次耦合支护的角度,分析了关键部位破坏的力学机理和变形特征,提出全断面非等厚和等强耦合支护。勾攀峰等建立了回采巷道两帮及顶板稳定的分析模型,提出了回采巷道两帮及顶板稳定性的判别准则[66]。薛亚东等[67]根据岩性和层次结构特征,认为巷道的受力破坏规律和形式受围岩结构,特别是煤层与顶底板强度对比关系的影响,回采巷道的变形破坏多从两帮开始,并最终导致顶板和巷道整体破坏,因此应特别重视对两帮的维护。董方庭提出了围岩松动圈支护理论,支护的最大载荷是围岩松动圈形成过程中的碎胀力,松动圈为零是围岩可以自稳的条件[68]。杨双锁提出了涵盖巷道围岩-支护相互作用全过程的波动性平衡理论[69]。侯朝焕等提出了综放沿空掘巷围岩大、小结构的稳定性原理[70]。何满潮等提出了软岩工程地质学支护理论[71]。马建宏等研究得出了直接顶厚度与巷道围岩稳定性之间的数值关系,并分析了直接顶厚度对回采巷道稳定性的影响规律[72]。黄炳香等在研究千米深井采动巷道时,采用多种手段,探讨了巷道强采动及大变形概念;又基于现场千米深井强采动巷道围岩变形现象,聚焦深部高应力强采动与松软煤岩体的相互作用过程及矿压显现特征,提出了深部强采动巷道围岩流变和结构失稳大变形理论框架[73]。康红普等在高地应力与超长工作面强采动应力叠加作用下巷道围岩大变形机理的基础上,提出千米深井、软岩、强采动巷道支护-改性-卸压协同控制理念,采用数值模拟对比研究了无支护、锚杆支护、锚杆支护-注浆改性、锚杆支护-注浆改性-水力压裂卸压4种方案巷道围岩应力、变形及破坏规律,阐述了巷道支护-改性-卸压协同控制原理[74]。

国内外矿山巷道支护技术经历了从木支架到刚性金属支架、可缩性金属支架,再到锚杆支护发展的过程,形成了包括各种料石碹、混凝土碹、喷射混凝土梁网、桁架锚杆、锚索、锚注、高强度混凝土弧板支架等多种支护形式,其中 U 型可缩性支架和锚杆被公认为是井下支护技术上的两次重大突破。由于锚杆支护的技术经济优越性,煤矿、金属矿山、水利工程、隧道工程以及其他地下工程等都在应用锚杆支护。

美国、澳大利亚是较早在煤矿大规模推行使用锚杆支护技术的国家[75-78]。在几十年时间里,世界各国都在对锚杆支护技术进行积极探讨和深入研究。现在澳大利亚、美国等国家在很多工程领域应用锚杆支护,并且在煤矿巷道支护中的应用比例几乎为 100%[79]。英国早些时候在巷道支护中使用金属支架,经过改革后,到了 20 世纪 90 年代在巷道支护中使用锚杆支护的比例就达 80%[80-83]。法国的锚杆支护技术发展也很迅速,到了 1986 年锚杆支护在煤巷支护中的比例就达到了 50%。德国在 1980 年代以后,也开始在采准巷道中大量使用锚杆支护技术。总的来说,国外锚杆支护技术发展的方向是:扩大锚杆支护技术应用领域,提高锚杆的强度和锚固力,完善锚杆支护的整体效果。

我国煤矿于 1956 年开始在岩巷中使用锚杆支护,经过半个多世纪的改良与完善,我国的锚杆支护技术经历了从低强度、高强度到高预应力、强力支护的发展过程[84]。目前,国有大中型煤矿的煤巷锚杆支护率达到 60%,有些矿区超过了 90%,甚至达到 100%。早期的锚杆主要是机械锚固锚杆、钢丝绳砂浆锚杆、端部锚固树脂锚杆、快硬水泥锚杆及管缝式锚杆等。这些锚杆支护强度与刚度低,支护原理上仍属于被动支护,只适应于简单地质条件。通过引进技术与示范工程,高强度螺纹钢锚杆并进行加长或全长树脂锚固,动态支护设计方法,小孔径树脂锚固预应力锚索等新技术、新材料、新方法在很多矿区得到推广应用,取得了较好的支护效果和经济效益[85-87]。近年来,为了解决深部及复杂困难巷道支护难题,又开发出高预应力、强力锚杆支护技术[88-89]。同时,也提出了高强度、高刚度、高可靠性与低支护密度的"三高一低"的现代锚杆支护设计理念,在保证支护效果的前提下,显著提高了巷道掘进速度与工效。锚杆支护深刻地改变了矿井的开拓部署与巷道布置方式,对我国高产高效矿井建设、煤炭产量与效益的大幅度提高及安全状况的改善起到不可替代的重要作用。

锚杆支护技术的快速发展,推动了锚杆支护理论的研究工作,并取得了许多重要的成果[90-95]。传统的锚杆支护理论都是以一定假说为基础的,各自从不同角度不同条件阐述锚杆支护的作用机理。传统支护理论力学模型简单,计算方法简捷,适用不同的围岩条件。近年来,锚杆支护理论研究有了进一步发展,提出了锚杆支护围岩强化理论,并且把锚固技术作为一个系统进行整体研究,进一步揭示了锚杆支护的实质。目前,国内外根据支护原理及作用方式,将较成熟的锚杆支护理论归纳为三大类[96]:一是基于锚杆的悬吊作用而提出的悬吊理论[97]、减跨理论[98]等;二是基于锚杆的挤压、加固作用提出的组合梁理论[99]、组合拱理论[100]等;三是基于锚杆改善围岩力学属性,考虑锚杆综合作用而提出的松动圈支护理论、围岩强度强化理论、锚固平衡拱理论[101]、最大水平应力理论[92]以及全长锚固中性点理论等。锚杆支护的理论成果用于指导锚杆支护实践,广泛运用于煤矿掘进巷道围岩支护,提高了煤巷掘进效率,理论与实践相互协调,促进了锚杆支护安全、快速发展,具有广阔的发展前景[102]。

1.2.4　回采方法对覆岩运动影响研究现状

现场实测、相似材料模拟及数值模拟研究表明,影响覆岩运动及矿压显现规律的因素主要有开采方法、覆岩岩性、岩性结构、开采厚度、断层结构、工作面几何参数和时间等[103-111]。

其中开采方法与开采厚度对覆岩运动的影响最为明显。开采方法不同,覆岩破坏的发育高度及其变化规律也随之改变,其原因主要在于初采或一次开采厚度随着开采方法的不同而不同。开采实践证明,厚煤层分层开采、采空区充填开采、覆岩离层注浆等方案对覆岩运动与矿压显现具有明显的控制作用。

开采厚度是影响上覆岩层破坏高度的主要因素,综放开采的采煤厚度越大,引起采空区上部岩层活动越剧烈,导致上覆岩层运移自由空间大,覆岩破坏高度也越大[112]。许多学者通过现场实测、相似材料模拟、数值模拟等手段进行了大量研究,总结出了覆岩破坏高度随综放采厚的不同而变化的关系,并得出了相应的数学关系式。许延春等在分析大量实测资料的基础上,并考虑了岩性对覆岩破坏高度的影响,总结归纳出综放开采条件下上覆岩层"两带"高度的经验公式[113]。康永华等依据大量的现场实测资料,提出了以下观点:减小初次开采厚度以降低导水裂缝带发育高度;增大重复开采厚度以提高采煤工效和矿井经济效益;厚煤层采用分层与放顶煤相结合的采煤方法,既能控制导水裂缝带的发育高度,又可降低采煤生产成本[114]。李开鑫等在巨厚松散层地质采矿条件下,运用现场实测和数值模拟手段,研究巨厚松散层开采条件下地表移动变形规律,结果表明,随着开采厚度的增加,地表下沉幅度呈明显加大的趋势[115]。

采空区充填开采方法在苏联及波兰应用较多,我国自20世纪60年代开始引进该技术,传统充填工艺主要有:水砂充填、风力充填、矸石自溜充填、矸石带状充填、条带开采加充填、粉煤灰充填等。采用该方法不仅可以降低开采对覆岩的破坏程度,而且可将地表沉陷控制在较小范围内。缪协兴等在大量矸石碎胀与压实特性实验基础上提出了矸石充填开采等价采高的概念,得到了矸石充填开采与同类地质条件下非充填开采相比可显著降低采场矿压与地表沉陷显现的剧烈程度及绝对值的结论[116]。张吉雄等在分析充填综采顶板运动特征的基础上,建立了充填综采基本顶关键块力学模型,并通过分析矸石充填体与破碎直接顶压实变形规律,推导出了充填综采工作面支护强度力学关系式[117]。史金彪等提出了利用综采放顶煤支架吊挂 SGB 型刮板输送机进行长壁工作面采空区矸石充填开采的概念,研制了综采放顶煤支架充填系统,取得了控制采空区沉陷的良好效果[118]。李凤义等结合房式开采和条带开采的优点,提出一种交错式充填方式,并采用数值模拟方法研究交错式充填方法对上覆岩层的影响,在降低充填成本的情况下,交错式充填法能够有效控制采空区上覆岩层移动,提高了覆岩的稳定性[119]。田镜楷针对工作面底板太灰承压水存在突水安全隐患问题,设计采用膏体充填采空区进行开采,底板未出现异常涌水现象,膏体充填开采技术的应用保障了 18105 高承压工作面的安全高效开采[120]。近些年,随着充填工艺的发展革新,现代充填工艺有固体废物膏体充填、(超)高水材料充填、固体废物充填。充填开采显著地提高了煤炭采出率,有效地减轻了地表沉陷,保护了当地的植被和生态环境,实现了煤矿的绿色开采[121]。

离层注浆技术利用覆岩运动过程形成的离层空间,通过地面打钻至可利用的离层空间,由钻孔向离层空间注浆进行充填,从而控制离层空间上方岩体的变形破坏,控制地表沉陷。1985 年,我国学者范学理等[122-123]将该技术引进国内,并在抚顺老虎台矿进行试验。此后,国内先后在大屯徐庄矿、新汶华丰矿、兖州东滩矿和济二矿、开滦唐山矿等的 10 余个工作面进行了试验。离层注浆技术关键问题是要准确确定离层位置,许多学者在这方面做了许多研究。杨伦等以组合板变形的力学模型为基础推导出由覆岩的层位、厚度及物理力学性质即可定量计算离层位置的实用公式[124]。郭惟嘉应用弹性理论,给出了覆岩沉陷弯曲离层的层位、约束边界及离层空间发育形态特征方程[125]。高延法等对影响注浆减沉效果的覆岩岩性与地层结构、开采深度、采煤工作面宽度等主要因素进行分析,根据注浆减沉试验成果,获得了注浆减沉过程中注浆压力的变化规律,探讨了提高注浆减沉效果的技术途径[126]。王志强等为了解决煤矿按照常规方法在计算巨厚砾岩断裂步距基础上布置走向钻孔存在的问题,引入区域动力规划方法确定砾岩断裂的位置,并沿倾向采用离层连续一体化注浆技术,其减沉效果显著[127]。苗健等基于关键层理论,结合现场探查孔和岩石力学测试数据成果,对覆岩中关键层进行了计算和判别,为尧神沟风井工业广场下工作面覆岩离层注浆充填中的注浆层位选取提供理论依据[128]。

1.3　研究内容及技术路线

目前国内外对采场、巷道矿压显现规律的研究注重从局部或是单因素来进行,忽视了从区域构造背景、应力、能量等全局角度确定矿压显现动力源方面的研究,而且对"双系两硬"开采条件下的覆岩结构特征、失稳模式及矿压显现规律的认识还有待进一步深入。本书应用地质动力区划理论和方法,分析同忻井田"双系两硬"开采条件下的地质动力环境,阐述矿区地质动力环境对"双系两硬"煤层开采中矿压显现的控制作用,揭示采动覆岩空间结构特征与运动规律,研究"双系两硬"综放工作面矿压显现特殊规律,提出围岩稳定性控制方法。本书综合运用理论分析、实验室实验、数值模拟计算、现场探测与监测等方法完成以下研究工作:

（1）同忻井田地质动力环境分析

分别从构造活动、地震活动性、构造应力场等方面分析评价同忻井田所处的地质动力环境。分析区域地质构造及其演化的总体特征;分析区域构造方向、形态、类型及其组合特点,力学边界条件,构造运动过程、时期和性质,其中重点分析井田东部边界——口泉断裂的活动性;揭示大同矿区地质动力环境对"双系两硬"开采条件下矿压显现的控制作用。

（2）同忻井田活动构造划分与构造应力场研究

基于板块构造学说,利用地质动力区划方法划分断块构造,确定活动断裂的形态及活动性;基于活动断裂与矿压显现的相关性对矿压显现的强烈程度及区域性分布特征作出初步评估。以活动断裂划分与断块动力相互作用研究成果为基础,建立包含不同级别活动断裂的、适合于进行具体工程实际应用的井田地质构造模型,进行岩体应力状态分析,划分井田高应力区、低应力区和应力梯度区,按矿压显现强度对井田进行区域划分。

（3）开采覆岩空间结构与破坏特征分析

基于 AutoCAD 二次开发,结合矿区钻孔数据,建立三维地质体模型,分析"双系两硬"煤层覆岩空间结构与岩性组合特征。综合运用理论分析、数值模拟、相似材料模拟和现场监测等方法确定"双系两硬"开采条件下覆岩失稳模式,提出覆岩失稳判据,确定覆岩运动对矿山压力显现的影响与控制作用。

（4）开采矿压显现规律与围岩稳定性控制方法

遵循"地质动力环境分析评估—覆岩结构及其演化规律—矿压显现及其控制"的研究思路,在大同矿区地质动力环境分析评估和"双系两硬"煤层开采覆岩空间结构演化规律研究的基础上,研究同忻煤矿综放工作面开采过程中矿压显现规律。

(5) 强矿压显现与控制技术研究

基于地质动力环境分析结果、覆岩运动与破坏特征分析工作面及回采巷道产生强矿压的原因,并提出相应的控制技术。

(6) 安全开采方案优化研究

根据"双系两硬"开采条件下覆岩结构与运动规律,结合工作面覆岩"三带"范围物理探测结果,提出分层开采、充填开采、离层注浆等安全开采方案,达到控制覆岩运动与降低矿压显现强度的目的。

本书具体的研究技术路线如图 1-10 所示。

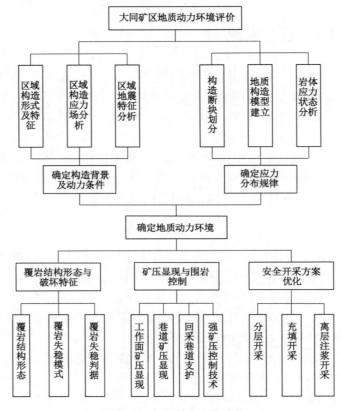

图 1-10　本书研究技术路线

2　同忻井田地质动力环境分析

2.1　同忻井田概况

大同煤田位于山西省北部大同市西南约 20 km 处,大地构造位置位于内蒙古—阴山构造隆起带的南侧。东以口泉断裂的平旺—鹅毛口段为界,与新生代断陷盆地(大同平原)毗邻;西邻吕梁径向构造带的西石山脉;南以一东西向小型洪涛山背斜为界,再南与平朔、宁武煤田相连。煤田为一轴向北东—南西的向斜构造盆地(图 2-1),长度为 85 km,宽度为 30 km,面积为 1 827 km²。向斜西北翼平缓,倾角小于 10°,东南翼稍陡,一般倾角在 20°左右,盆地东南边界受向南倾斜的逆断层影响岩层直立、倒转。向斜内有次级小型宽缓褶皱,中、小型断裂不发育。在煤田内,东部、东南部、南部构造较复杂,断层多;北部及西部则相对简单,断层、褶曲较少。部分地表被古近系、新近系和第四系覆盖,向斜轴部为中侏罗统云冈

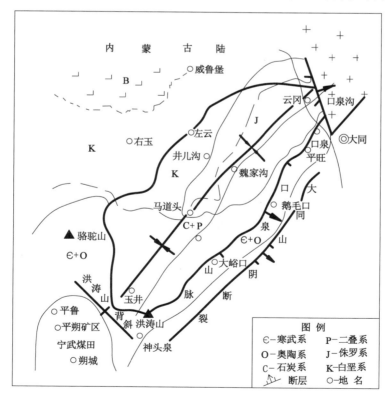

图 2-1　大同煤田构造形态示意

组,翼部地层有下侏罗统大同组,上二叠统上石盒子组,下二叠统下石盒子组、山西组,上石炭统太原组、本溪组,奥陶系,寒武系等。

大同煤田赋存两套煤系:侏罗纪煤系和石炭二叠纪煤系。侏罗系含煤面积为772 km²,石炭二叠系含煤面积为1 739 km²,北中部两煤系重叠面积为684 km²。北部不重叠,只有侏罗系,含煤面积为88 km²;南部不重叠,只有石炭二叠系,含煤面积为1 055 km²。大同煤田侏罗系煤炭资源临近枯竭,石炭二叠纪煤系将成为大规模开发对象。

同忻井田位于大同市西南约20 km,居大同矿区东北部,属大同向斜的东翼,其地理坐标为东经112°58′29″至113°08′09″,北纬39°57′40″至40°05′54″。区内浅部有忻州窑、煤峪口、永定庄、同家梁、大斗沟等侏罗系生产矿井。井田北东—南西方向长约12 km,北西—南东方向宽约8 km,面积为96.89 km²;勘探深度为550 m。井田处于老矿区及大同市郊区,交通运输十分便利,国铁干线京包与北同蒲铁路交会于大同市;大秦线、北同蒲电气化铁路已通车运行,大大增加了煤炭运输能力。区内有大同至王村铁路专线及至忻州窑运煤干线。另外,京大高速公路、大运高速公路纵横交贯,交通方便(图 2-2)。

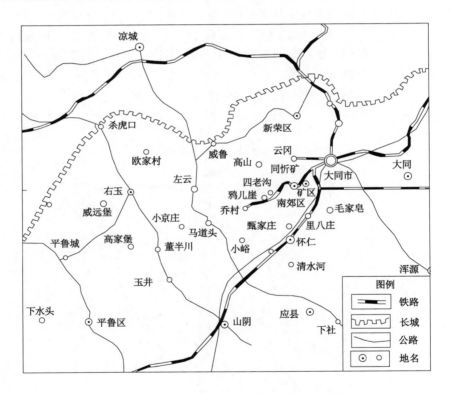

图 2-2　同忻井田交通位置示意图

石炭二叠纪煤系包括上石炭统下部本溪组、上石炭统上部太原组及下二叠统山西组。本溪组不含可采煤层。太原组由陆相及滨海相砂岩、泥岩夹煤层及高岭岩组成,含可采及局部可采煤层10层,煤层总厚在20 m以上。山西组由陆相砂岩夹煤及泥岩层组成,含1层可采煤层,厚度为0～3.8 m。早侏罗纪煤系,即下侏罗统大同组。大同组由陆相砂岩夹泥岩及煤层组成,组厚为 0～264 m(一般 220 m),含可采煤层 14～21 层,可采煤层总厚度为 18.7～24 m。同忻井田山西组厚度为 0～75.37 m,平均为 23.41 m,含煤 4 层,依次为山$_1$、山$_2$、山$_3$、山$_4$煤层,煤层总厚度平均为 0.96 m,含煤系数为 4％。山$_1$、山$_2$、山$_3$煤层零星赋存,仅山$_4$煤层局部可采。太原组厚度为 13.44～92.46 m,平均为 72.39 m,含煤 10 层,自上而下依次编号为 1、2、3-5、6、7-1、7、8、9、10、11 煤层。煤层平均总厚度为 20.84 m,含煤系数为 29％,其中 2、3-5、6、7、8、9 煤层为可采煤层。

同忻井田基本构造形态为一走向北东 10°～50°、倾向北西、东高西低的单斜构造。地层倾角一般为 3°～10°,东南及南部靠煤层露头处地层陡峭,倾角一般为 30°～80°,局部直立、倒转,向西北方向很快变平缓。井田内断层稀少,仅发育 2 条正断层,沿北北东向展布,落差均为 10 m 左右。在南部边界处白洞一带发育一逆断层,落差较大,另外在井田外东南部有一逆断层。井田内较大的褶曲有两条,即刁窝嘴向斜和韩家窑背斜(图 2-3),另外,伴生有次一级小型褶曲。总观井田构造,属于简单类。

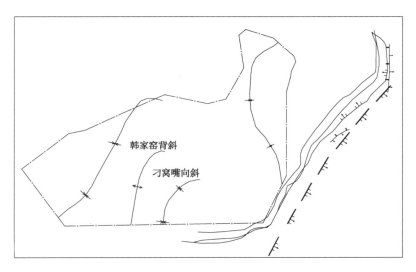

图 2-3　同忻井田向斜和背斜构造格局

2.2　区域地质构造背景

2.2.1　区域构造演化

大同含煤盆地的大地构造位置属华北断块内二级构造单元吕梁—太行断块中的云冈块坳。云冈块坳北以淤泥河、十字河之分水岭为界与内蒙断块相邻,东部及南部以口泉断裂、神头山前断裂与桑干河新裂陷为界,西北部与偏关—神池块坪相接(图 2-4),呈北北东向展布,长度约 125 km,宽度为 15～50 km。云冈块坳总体为一向斜构造,其轴线大致位于云冈、平鲁一线,依据槽部地层的差异,大致以潘家窑至楼子村北西断裂为界,可分为云冈向斜和平鲁向斜两部分。桑干河新裂陷属于新生代以来叠加的裂陷,西部边缘主要发育北东向口泉断裂、怀仁凹陷及后所凹陷等新裂陷构造。

大同含煤盆地位于云冈向斜内。盆地东侧发育一系列平行轴向的推覆构造和压性断

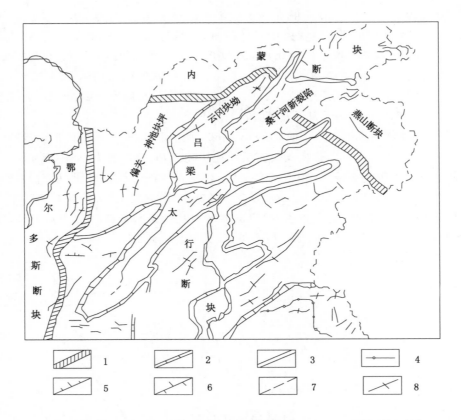

1—二级构造单元界线；2—三级构造单元界线；3—新裂陷界线；4—四级构造单元界线；
5—正断层；6—逆断层；7—性质不明断层；8—燕山期、印支期构造。

图 2-4　大同含煤盆地区域构造图

裂，盆地槽部出露的地层为侏罗系，并为平整的白垩系所覆盖。盆地成熟定型时期应为燕山早—中期。盆地自中寒武统到中侏罗统间，除永定庄组与下伏地层为轻微角度不整合外，其他地层均属于整合或假整合接触。这说明其间未发生过剧烈的构造运动，仅仅表现为大范围的相对上升或下降。而侏罗纪末的燕山运动，使太古界及其以上地层全部卷入，口泉山脉的崛起就是这一运动的产物。侏罗纪煤田东部抬起变为剥蚀区，后来主要在煤田的西北沉积了巨厚层的白垩纪地层。再经喜山运动，在煤田东侧形成桑干河新裂陷，呈现出目前的地貌景观和构造格局，口泉山脉便成了大同含煤盆地与桑干河新裂陷的构造单元界限。大同矿区位于云冈块坳与桑干河新裂陷的交界——口泉断裂的西侧。

2.2.2　构造演化对含煤盆地的影响

　　元古华北断块是我国境内面积最大、年龄最古老的一个大陆岩石圈块体。晋宁运动（距今 850 Ma）中华北断块与扬子板块等拼合成统一的古中国板块。早寒武世期古中国板块分解后形成了华北板块。从中石炭世开始华北板块整体下降成为巨型沉积盆地，聚煤作用广泛发生，形成了统一的华北聚煤盆地。早二叠世早期，西伯利亚板块与华北板块之间的蒙古洋逐渐闭合，板块俯冲加剧，由北向南的强大挤压使华北巨型盆地在北部上升成陆。二叠纪末，古蒙古洋最终封闭，华北板块与西伯利亚板块碰撞。

三叠纪印支运动开始活动,至三叠纪末华北板块与华南板块的拼合形成了秦岭—大别造山带。这场运动是中国大陆一次"向心式"汇聚作用,地壳产生南北向收缩,盖层广泛褶皱。陆内造山作用有所增强,大同含煤盆地所属的吕梁隆起逐渐形成。

侏罗纪—早白垩世的燕山运动使西伯利亚板块、华北板块和华南板块间产生北西—南东向的陆内压缩,形成强烈的陆内造山作用,由西至东,表现为鄂尔多斯沉降带与太行隆起带、华北沉降带与胶辽隆起带。

随着晚白垩世雅鲁藏布江洋盆的逐渐萎缩并于晚白垩世末消亡,始新世晚期印度板块以近南北方向向欧亚板块碰撞,太平洋板块由北北西向转变为北西西向运动,进入喜马拉雅演化阶段。华北地块西部受到来自印度板块的挤压,西部形成了鄂尔多斯周缘地堑式断陷盆地。

(1)印支运动对大同含煤盆地的影响

三叠纪,随着几大板块完成最终拼合,大同含煤盆地整体抬升,地下深处生成的煌斑岩岩浆在鹅毛口、吴家窑一带呈岩墙状上侵。煌斑岩岩浆侵入主要可采的山$_4$、2、3、5、8煤层中。煌斑岩岩浆顺层侵入,熔蚀煤层并破坏煤层结构,使其复杂化;而且导致岩床上、下煤层发生热接触变质,使煤层发生酥化、硅化和天然焦化,发热量降低,灰分增加,局部地区甚至丧失了原有的工业利用价值,同时给煤炭资源的开采带来了严重困难。

(2)燕山运动对大同含煤盆地的影响

燕山运动初期,先期南北向挤压转变为以太平洋板块向欧亚板块俯冲为主的动力学机制。大同煤田一带产生以北西—南东向挤压为主的构造作用,在口泉—鹅毛口一带产生向北西方向的逆冲推覆作用,这一作用导致大同含煤盆地南东边缘连同早古生代沉积地层倾向向北西陡倾,局部地区地层直立,甚至倒转。在盆地的中部形成轴向为北东向的宽缓褶曲,并在北西方向产生一系列规模大小不等的正断层。燕山早中期沉积形成了侏罗纪陆内河湖相含煤沉积建造,角度不整合于大同晚古生代含煤岩系之上。随着燕山运动的持续,侏罗纪含煤沉积建造沉积后仍残留有大小不同的小型凹陷,在左云一带形成了以砾岩为主的白垩纪地层沉积。此后燕山晚期构造运动使大同一带再次抬升,遭受风化剥蚀至今。

(3)喜山运动对大同含煤盆地的影响

喜马拉雅期构造运动总体上是在强烈拉伸的构造环境下,以继承性断裂活动和地壳间歇性抬升为主导的运动形式,其显著的地质特征造就了山体整体抬升和在中部形成大同含煤盆地东部的桑干河新裂陷盆地。喜马拉雅期的引张作用而引发的断块间升降运动所形成的地质构造,对大同含煤盆地影响相对较弱。含煤盆地边界断裂基本上继承中生代断裂。

2.3　区域新构造运动

2.3.1　华北地区及边界的相对运动

中国大陆处于欧亚板块的东南隅,挟持在印度板块、太平洋板块以及菲律宾板块之间,是全球各大陆板块内部新构造运动异常活跃的一个地区。邓起东在活动构造分区中使用断块区和断块等不同级别的活动断块来分析我国活动构造的分区特征[129],马杏垣提出了活动亚板块和构造块体的概念[130],张培震等提出了活动地块的认识[131]。这些认识的本质大体是一致的,它们都认为大陆板块内部以块体运动为特征,断块活动是板块内部构造活动的最基本的形式。板块内部以块体运动为特征,断块活动是板块内部构造活动的最基本的形式。岩石圈板块被晚第四纪活动断裂分割围成不同级别的断块。同一块体的构造活动常具有相对统一的特征,块体内部相对稳定,而块体边缘活动构造带活动强烈。

研究表明,中国活动断裂的移动明显受到全球板块活动的制约,亚板块与构造块体边界上活动断裂的活动速率比全球板块边界上的要小1~2个数量级,但又明显地大于块体内部的活动速率。东部各块体边界上的活动速率通常为1~4 mm/a,块体内往往小于0.5~1 mm/a[132]。活动断裂活动速率的这种大小分布格局与地表活动强弱的空间分布大体吻合。这反映出中国板内变形和运动具有以块体为单元并逐级镶嵌活动的特征。

华北板块是欧亚板块内部一个新生代相对活跃的岩石圈活动单元。1966年邢台地震、1975年海城地震与1976年唐山地震的地表破裂位移及震源机制反映了地震断层右旋或左旋走滑错动的特征,进一步证明了西太平洋弧后水平挤压应力场在孕震时期是重要的。华北地区总体应力状况是北东东向挤压,在此应力环境下,华北地区块体的运动以近东西向的移动为主,因此,华北地区块体的东西向边界走向滑动较为明显,南北向边界则主要表现为张性和压性边界(图2-5)。从图2-5中可见,除阴山—燕山断块的南边界,以及阴山、燕山南麓—北京—唐山—渤海这一边界的走滑运动较为突出外,其他内部边界主要表现为拉张和压缩边界[133]。其中鄂尔多斯块体表现为东向运动,阴山—燕山块体同其他块体之间在走滑方向上也趋于一致,东部和西部均为左旋走滑,走滑幅度有所降低,在1~2 mm/a之间。同时,鄂尔多斯和山西块体之间的边界也转为压性边界。

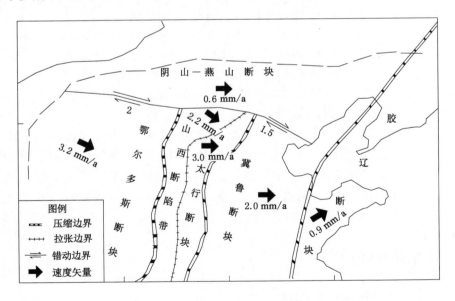

图2-5　华北地区块体及其边界的相对运动

由于华北地区既受大环境的制约作用,又受局部和阶段性的孕震环境影响,其应力应变场既体现出了整体的一致性,也显示出了动态的阶段性变化特征,归纳起来有以下几个方面：

（1）华北块体总体趋势是向东平移，这可能是受西南部印度块体东向推挤作用所致。

（2）华北地区南北走向的边界的走滑运动总体上很弱，边界总体上表现为压缩边界。

2.3.2　大同地区新构造运动

1957 年 4 月 2 日在忻州窑一带所感到的 5 级地震，以及公元 512 年到 1952 年年末大同地区发生的 30 多次较强地震，震级一般为 6～7 级，最强 9 级，表明大同地区如华北其他地区，其新构造运动也是活跃的、强烈的。以口泉断裂为边界所划分的桑干河新裂陷的大块下沉和云冈块坳的相对大块上升是大同地区新构造运动的基本特征（图 2-6）。云冈块坳内部的冲沟、河道发育，黄土坪割切为丘陵地貌，横切台地东缘口泉山脉的沟、谷相对狭深，以及沿山脉东麓特别是南段冲积扇及冲积坡发育等现象均可以证明其上升特征。

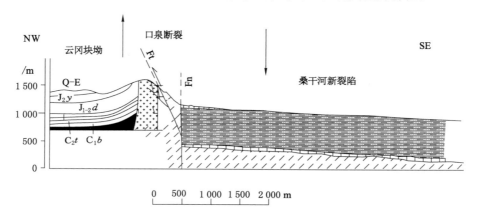

图 2-6　大同地区新构造运动的基本特征

由图 2-5 可知，鄂尔多斯断块的相对运动速率为 3.2 mm/a，山西断陷带的相对运动速率为 2.2 mm/a，两者运动存在速度差，导致鄂尔多斯断块和山西断陷带之间的边界——口泉断裂表现为压缩边界，即口泉断裂目前的动力学状态属于压缩状态。在这一动力学状态下，口泉断裂带及其两侧范围内必然积聚了一定的能量。

边界构造口泉活动断裂展布在大同含煤盆地的西侧，北北东走向，西侧为口泉山脉，东侧为大同盆地。中生代末期，口泉断裂表现为逆断层活动，新生代以来该断裂控制盆地西侧边界，表现为正倾滑活动。大同地震台跨口泉断裂的短水准观测资料表明，1990—1998 年口泉断裂上盘下降的平均速率为 2.36 mm/a[134]，这表明该断裂现今仍在活动，为一条全新世活动断裂。口泉断裂全新世活动段落长度约为 120 km，北端起自内蒙古丰镇官屯堡，向南经三里桥、上黄庄、口泉、小峪口、大峪口，止于燕庄[135]。大同含煤盆地位于口泉断裂的活动地段，如图 2-7 所示。

大同含煤盆地以口泉断裂为界与其东侧的桑干河新裂陷具有完全不同的地形地貌形态。大同含煤盆地为丘陵地带，地形东南边缘口泉山脉较高，最高标高约 +1 550 m，最低在口泉沟口河床处，约 +1 100 m，相对高差 450 m，一般标高约 +1 300 m。口泉断裂东侧表现为河川盆地，地表标高一般在 +1 000～+1 100 m 之间，地势平坦。大同矿区侏罗纪煤层埋深一般在 +1 000～+1 100 m，石炭二叠纪煤层埋深一般在 +800～+900 m 或更深。根据口泉断裂及其两侧地形标高的关系，在大同矿区标高处于 +1 100～+1 500 m 范围内的侏罗

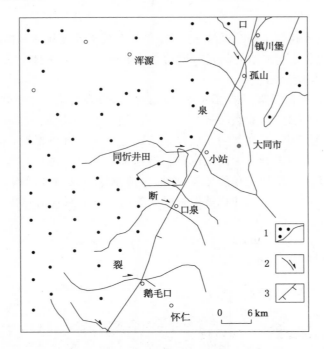

1—基岩山地与盆地;2—冲沟及流向;3—口泉断裂全新世活动段落。

图 2-7　口泉断裂全新世活动段落展布

系煤岩体,由于没有口泉断裂东侧地层的约束,其积聚的弹性潜能相对较小,在开采过程中即使岩体发生失稳破坏,这种破坏的强度也相对较低。而位于+1 000～+1 100 m标高以下的煤岩体,由于受到口泉断裂东侧地层的约束,其能够积聚更多的弹性潜能,在开采过程中发生的失稳破坏要远比上部侏罗纪煤层开采时的强烈。

2.4　大同矿区现今构造应力场特征

2.4.1　区域构造应力场特征

作为大陆内部典型的伸展断陷区和强震活动区,华北地区处于东部太平洋板块俯冲构造和西部印欧大陆碰撞构造的双重大地构造背景之下,华北地区新构造运动总体表现为弥散型变形特征,新构造演化既表现为时间上的阶段性、空间展布上的差异性,又表现为构造应力场的多变性,既有北西-南东向引张,又有北东-南西向引张,现今应力机制以北东-北东东向的挤压平移为主。这些不同构造应力场在时空上的演替反映了华北地区新构造动力学的复杂性[136]。华北地区现今构造应力场以水平挤压作用为主,最大主应力方向为北东-北东东向,方位为北东 60°～80°(图 2-8),构造应力张量结构以走滑型为主,兼有一定数量的正断型[122](正断型应力结构主要分布在山西断陷盆地)。除渤海地区和晋北地区外,其他地区的中间主应力轴基本直立,最大主应力轴和最小主应力轴近水平,倾角均在 20°以内。华北地区水平构造应力空间分布与重力势能有较大的关系,高势能区构造应力以引张为主,低势能区以压缩为主,华北地区偏应力与震源机制解的最大主应力方向不一致,特别在北京、沧州、临沂、沂水、汝阳、沁水和大同等地方几乎垂直,这说明重力不足以支撑华北地区的构造变形,以及抵抗板块运动产生的驱动力[137]。华北地区构造应力的分布具有明显的非均匀性,而且与地质构造、岩石性质及强度等有很大关系[138-139],其中,板内块体、断裂的相互作用和构造环境是地壳应力非均匀分布的主要原因[140]。

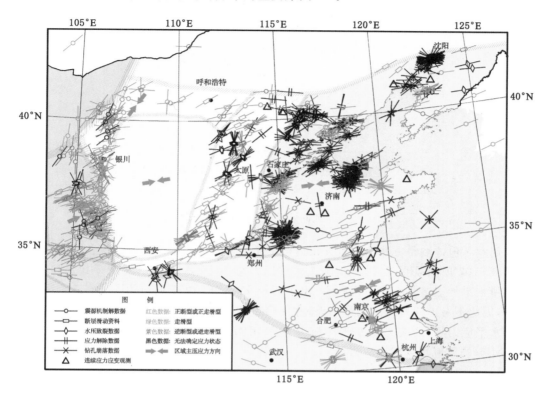

图 2-8　华北现代构造应力场

2.4.2　现今构造应力场特征

现今构造应力场通过地震震源机制解和不同地应力测量方法(水压致裂法、钻孔崩落法、钻孔套芯法等)来确定[141]。根据世界应力图计划提供的资料,华北地区现今构造应力场以走滑机制占主导,含少量逆冲机制和伸展机制。大同矿区位于华北地块东部偏北地区,矿区煤层及顶底板内存地应力较高,且构造应力主要是水平挤压应力,主要受华北地块北东至北东东向的主压应力的区域构造应力场的控制,其力源来自青藏断块北东和北东东向挤压和西太平洋板块俯冲带[142]。这一挤压力直接作用在鄂尔多斯块体西南边界上,成为控制鄂尔多斯周缘共轭剪切破裂带形成的直接动力源。大同矿区现代区域应力场基本上沿袭了上述构造应力场的特征,仍为北东至北东东向挤压和北西至北北西向拉张作用(图 2-9)。

2.4.3　同忻井田地应力测量

确定地应力方向和量值最直接和最有效的手段是地应力测量。通过地应力测量来确定区域构造应力场方向和量值的平均水平,进而确定应力场的性质,为矿井生产提供基础数据。在煤矿生产中,预测矿压显现强度,确定巷道断面几何形状、支护方式,维护巷道围岩稳定,确定采场布局和开采顺序等都与岩体应力状态有密切关系。

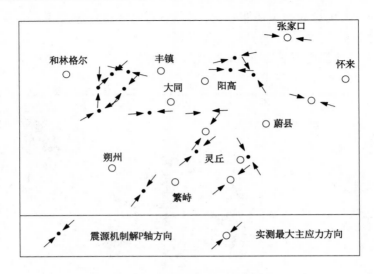

图 2-9　大同矿区最大主应力分布图

　　利用空芯包体测量方法在同忻井田进行了 4 个地点的地应力测量工作。测点分别位于北一盘区 8107 顶回风巷(2 个)与北二盘区回风大巷(2 个),具体布置见图 2-10、图 2-11。地应力测量结果如表 2-1 和表 2-2 所示。由于四号孔测试中 12 个通道的数据有 4 个通道的存在问题,因此不考虑四号孔的测量结果。由一、二、三号孔的计算结果得出:同忻煤矿地应力场属于水平应力场,地应力以水平压应力为主;确定了一个 245.18°取向的最大压应力为 20.42 MPa 的区域现今构造应力场。

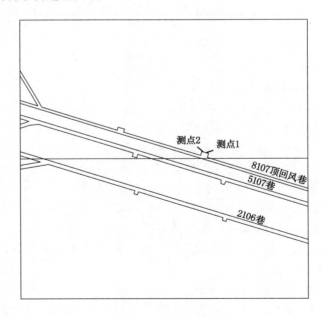

图 2-10　北一盘区 8107 顶回风大巷地应力测点

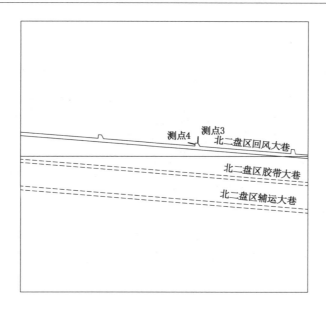

图 2-11 北二盘区回风大巷地应力测点

表 2-1 同忻井田地应力测量结果

测孔号	测量地点	主应力类别	主应力值/MPa	方位角/(°)	倾角/(°)
一号孔	北一盘区 8107 顶回风巷	最大主应力 σ_1	20.96	244.44	−0.21
		中间主应力 σ_2	13.80	−25.08	−65.56
		最小主应力 σ_3	11.60	154.34	−24.43
二号孔	北一盘区 8107 顶回风巷	最大主应力 σ_1	19.58	245.92	1.36
		中间主应力 σ_2	14.57	−29.12	−74.94
		最小主应力 σ_3	12.18	156.29	−15.00
三号孔	北二盘区回风大巷	最大主应力 σ_1	20.71	245.17	5.65
		中间主应力 σ_2	13.83	−20.18	39.39
		最小主应力 σ_3	11.47	148.39	50.05

表 2-2 实测地应力分量

测孔号	地应力分量/MPa					
	σ_x	σ_y	σ_z	τ_{xy}	τ_{yz}	τ_{zx}
一号孔	19.28	13.65	13.43	3.50	−0.74	0.38
二号孔	18.38	13.54	14.42	2.69	−0.60	0.13
三号孔	19.18	14.33	12.51	3.03	0.71	−1.22

备注:地应力分量取地理坐标系,其坐标轴为 X 轴指向东,Y 轴指向北,Z 轴指向上,取压应力为正。

根据华北块体、大同矿区的构造应力场分析和同忻井田地应力测量结果,确定同忻井田地应力场作用特征如图 2-12 所示。在北东东方向最大主应力作用下,口泉断裂主要表现为压性特征,兼具一定的剪切作用;同时与最大主应力的这一夹角关系,使口泉断裂的活动性增加。这一应力状态下其周围能够产生大的压缩应变,积聚较高的弹性潜能。

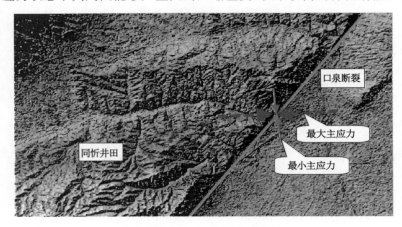

图 2-12　同忻井田地应力场作用特征

2.5　大同矿区地震活动特征

2.5.1　大同矿区地震概况

地震活动是现代地壳运动的一种特殊表现形式,也是地壳动力状态调整的表现形式之一。地震活动与区域构造特点、地壳物质结构,特别是区域现今动力状态有着密切的关系。对地震的研究有助于理解区域地质动力状态,判断其发展和变化趋势。

依据大同矿区及其邻区的地质构造、地震活动等特点,研究区域确定为 39.6°N—40.4°N、112.5°E—113.5°E 范围(图 2-13)。研究中使用 1986—2010 年共 25 年的地震资料,1986—2008 年地震资料主要来源于国家地震科学数据共享中心(http://data.earthquake.cn)华中地区子网河南台网,2008—2010 年地震资料主要来源于该中心中国台网统一地震目录。少数大地震参考了其他文献以检校国家地震科学数据共享中心地震数据,提高了数据的可靠性。

1986—2010 年间研究区域共记录到 $M_L \geq 1.0$ 级地震 395 次。其中,$M_L < 3.0$ 级地震 383 次,占总数的 96.96%;$M_L \geq 3.0$ 级地震 12 次,平均 2 年一次,最大为 1989 年 6 月 19 日发生于大同的 $M_L = 4.1$ 级地震。具体各震级频次分布见表 2-3。

2.5.2　大同矿区地震应变积累-释放特征分析

计算研究区域内 $M_L \geq 1.0$ 级地震的应变量,绘制应变积累-释放曲线,结果如图 2-14 所示。研究区域地震应变呈阶段性积累-释放,积累阶段对应地震较弱活动阶段,释放阶段对应地震较强活动阶段。由曲线可以看出,大同矿区及其邻域处于积累阶段,此阶段从1999 年至 2010 年已延续 12 年,积累的应变较高,参考积累情况,研究时预测此阶段还会持续 2~3 年,至 2013 年左右应变积累达到此阶段峰值,所以研究时是 $M_L = 3.0$ 级以下小震密集时段,之后便是应变释放阶段,进入较大震级地震活动时段。

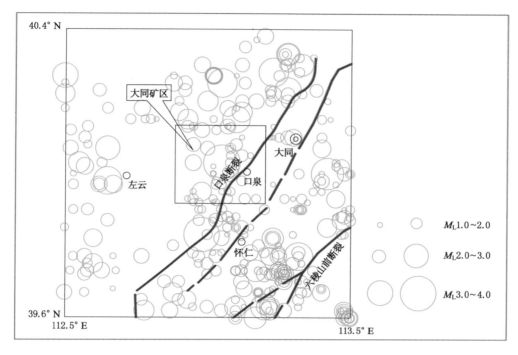

图 2-13 大同矿区地震震中分布图

表 2-3 大同矿区地震统计(1986—2010 年)

震级	频次/次	震级	频次/次	震级	频次/次	震级	频次/次
1.0	27	1.8	24	2.6	6	3.4	2
1.1	44	1.9	11	2.7	4	3.5	0
1.2	34	2.0	21	2.8	1	3.6	0
1.3	44	2.1	15	2.9	1	3.7	1
1.4	30	2.2	7	3.0	1	3.8	0
1.5	44	2.3	9	3.1	2	3.9	0
1.6	24	2.4	9	3.2	1	4.0	1
1.7	22	2.5	6	3.3	3	4.1	1

2.5.3 大同矿区地震应变释放强度特征分析

这里从地震应变释放角度分析地震强度特征。1986—2010 年间,大同矿区及其邻区共释放地震应变量 $3.0 \times 10^9 \text{ J}^{1/2}$,年均释放应变量为 $1.2 \times 10^8 \text{ J}^{1/2}$,绘制逐年应变释放柱状图,结果如图 2-15 所示。

从图 2-15 中可看出,大同矿区及其邻区的应变释放,在 $M_L \geqslant 3.0$ 级地震之前,均会出现一段时间年应变释放低于历年平均水平的现象,特别是在大震前一年应变释放远低于历年平均水平。但在释放阶段和积累阶段又各有特点,呈现两种模式,即释放阶段模式和积累阶段模式。

释放阶段模式的特点是平静时段与活跃时段(出现 $M_L \geqslant 3.0$ 级地震)交替频繁,平静时段

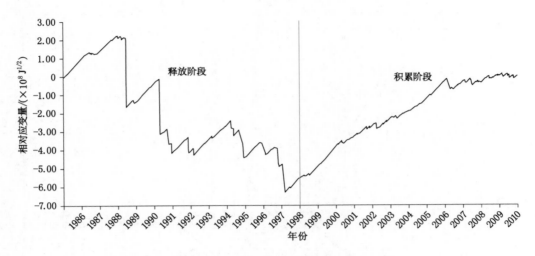

图 2-14　大同矿区及其邻域地震应变积累-释放曲线

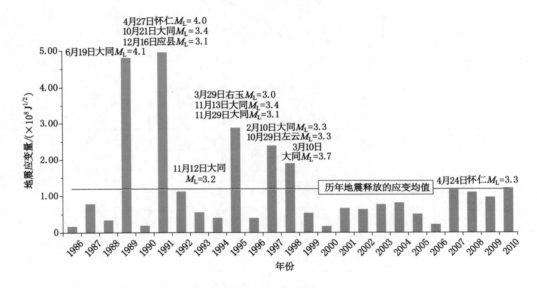

图 2-15　大同矿区及其邻域历年地震应变释放柱状图

持续时间短,活跃时段内大震多,应变释放水平高。例如,1989 年大同 $M_L=4.1$ 级地震之前,出现了连续三年的平静时段;1991 年怀仁 $M_L=4.0$ 级、大同 $M_L=3.4$ 级、应县 $M_L=3.1$ 级,1992 年大同 $M_L=3.2$ 级地震前,出现了一年的平静时段;1995 年右玉 $M_L=3.0$ 级、大同 $M_L=3.4$ 级、大同 $M_L=3.1$ 级地震前,出现了两年的平静时段;1997 年大同 $M_L=3.3$ 级、左云 $M_L=3.3$ 级,1998 年大同 $M_L=3.7$ 级地震前,出现了一年的平静时段。

　　积累阶段模式的特点是平静时段、活跃时段持续时间都较长,活跃时段内大震不多,应变释放水平较释放阶段活跃期明显降低。例如,1999—2006 年出现 8 年的连续平静时段,之后发生了 2007 年怀仁 $M_L=3.3$ 级地震;2008—2010 年 3 年内,应变释放一直在年均释放水平附近跃迁。

2.6　口泉断裂力学特征及对双系煤层矿压显现的影响分析

2.6.1　口泉断裂宏观特征

大同煤田西南边界为呈北西50°展布的洪涛山背斜、南东边界为口泉—鹅毛口断裂带、东北边界为青磁窑逆断层、北西边界为麦胡图—威远堡断裂[143]。大同盆地位于华北板块中央地带的山西地台背斜之上，处在山西右旋剪切拉张带的尾端，北西以口泉断裂与洪涛山凸起为界，南东以六棱山山前与浑源断裂为界[144]。口泉断裂为山西地堑系北部大同盆地西缘断裂（图2-16）。该断裂北起大同市以北的官屯堡附近，往南西经北羊坊、上皇庄、口泉、鹅毛口、小峪口、大峪口至上神泉，在甘庄转为近南北走向，继续向南在地上庄转向南西，向西在神头转为近东西向并止于峙峪，全长160 km。口泉断裂除南端走向近东西外，总体走向N35°—55°E，倾向南东，倾角50°～70°。口泉断裂总体呈现南北不对称的"S"形空间展布特征。

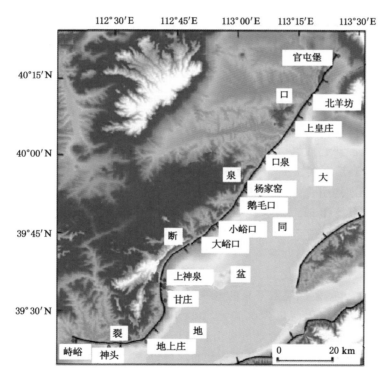

图2-16　口泉断裂展布图

2.6.2　口泉断裂形成的力学机制

口泉断裂是大同盆地的主要边界断裂之一，该断裂中生代表现为逆断层。其东侧的大同盆地当时受北西-南东方向的主压应力作用，表现为轴向北东的背斜构造；其西侧形成的向斜盆地沉积了较厚的煤系。进入新生代，口泉断裂受北西-南东方向的主张应力作用而表现为张性倾滑断层，在其东侧形成了大同断陷盆地，并沉积了数千米的新生代沉积物。口泉断裂中生代的逆冲活动及新生代的正倾滑活动这一复杂的地质演化过程受到构造地质及地震地质学者的关注[145-147]，并有学者提出该断裂存在右旋走滑活动[148-151]及阶地断错[152]。

口泉断裂的典型特征是断裂两侧岩体在水平与垂直方向上均有运动。大同地震台跨口泉断裂的短水准观测资料表明，1990—1998 年口泉断裂的上盘下降的平均速率为 2.36 mm/a。观测结果表明，口泉断裂仍继承着地质时期的运动，即南东盘持续下降，北西盘持续上升。口泉断裂位于鄂尔多斯断块与山西断陷带的边界处，张跃刚利用 GPS 空间大地测量数据(1996—2001 年)计算得到鄂尔多斯断块的相对运动速率为 3.2 mm/a，山西断陷带的相对运动速率为 2.2 mm/a[133]。两侧岩体运动存在速度差导致口泉断裂目前的动力学状态属于压缩状态。综上，口泉断裂目前的运动既有水平方向上的挤压，又有垂直方向上的升降，其运动形式如图 2-17 所示。

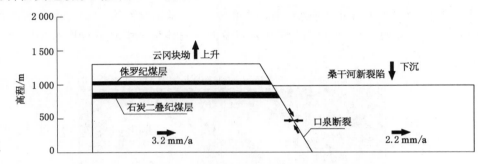

图 2-17　口泉断裂运动形式及力学机制

基于众多学者的研究成果，可以得出如下的共识：

(1) 口泉断裂经历了两次影响其力学状态的构造运动，它是先后经过燕山期的水平挤压作用和喜马拉雅期的引张作用而发生断块间升降运动所形成的地质构造，口泉断裂的历史成因及应力分布状态复杂。

(2) 口泉断裂目前仍处于活动时期，断裂两侧岩体既有水平方向上的挤压运动又有垂直方向上的升降运动，构造应力场属于水平挤压应力场，断裂的持续运动将使附近的岩体内积聚大量能量。

2.6.3　口泉断裂对大同矿区煤层开采的影响

大同侏罗纪煤田范围内截至 2002 年已知的断层总计 987 条，其中属于北东向挤压结构的断裂构造有 292 条，规模最大的是口泉山脉挤压带和煤田主向斜轴，由此可以看出，大同矿区地质构造受口泉断裂的控制作用是显著的。可以说，口泉断裂的运动及力学机制影响着大同矿区的覆岩运动与煤体应力分布[153]，对煤层开采过程中的矿压显现具有重要的影响和控制作用。研究证明了口泉断裂两侧岩体在水平方向上有挤压，在垂直方向上有升降；下面通过数值模拟来分析口泉断裂这一活动性对大同煤田"双系两硬"煤层开采造成的影响。

本书利用 FLAC³ᴰ模拟软件进行该条件下的数值计算，分析两断块在无构造运动情况下的动力学特征，以及两断块在水平挤压、垂直升降的情况下对大同矿区"双系两硬"煤层开采的影响。数值计算模型共建立了 177 200 个单元，191 688 个节点。为提高模拟计算速度，对断裂两侧的岩层进行了简化。数值计算模型见图 2-18。

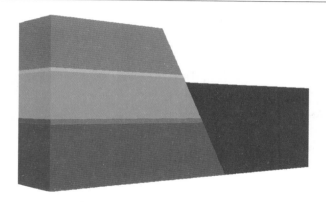

图 2-18 数值计算模型

（1）无构造运动下口泉断裂动力学特征

两断块在无构造运动情况下，即只考虑断块自重，物理模型及边界条件见图 2-19。模型四周均施加位移边界。左右边界水平方向位移限制，垂直方向位移自由；模型底边界各方向位移均限制；模型上部为自由边界。

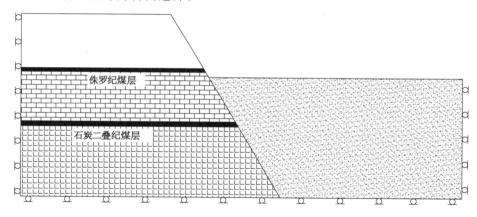

图 2-19 物理模型及边界条件

无构造运动情况下，口泉断裂周围岩体最大主应力分布见图 2-20、图 2-21。由图 2-20 和图 2-21 可知：在自重条件下，断裂面及附近岩体中形成了应力集中，大小为 2.5～3.3 MPa；双系煤层在与断裂的交汇处有应力集中现象，而且石炭二叠纪煤层的应力集中程度与范围明显大于侏罗纪煤层的；随着远离断裂面，岩体中的应力大小逐渐降低，应力分布逐渐恢复层状，呈现出自重应力场作用下的应力分布规律。石炭二叠纪煤层由于埋深较侏罗纪煤层要大，因此，该煤层的应力水平略高于侏罗纪煤层的。随着不断远离断裂面，双系煤层逐渐处于同一水平的应力区域内，最大主应力为 1.2～1.4 MPa。

（2）水平挤压对"双系两硬"煤层的影响分析

口泉断裂西侧鄂尔多斯断块的水平相对运动速率为 3.2 mm/a，方向为西东向；东侧桑干河新裂陷带的水平相对运动速率为 2.2 mm/a，方向为西东向。两侧断块移动方向相同，速率不同，致使口泉断裂承受挤压运动。利用 FLAC^{3D} 模拟软件进行该条件下的数值计算，分析两断块相互挤压的情况对大同矿区"双系两硬"煤层开采的影响。物理模型及边界条件

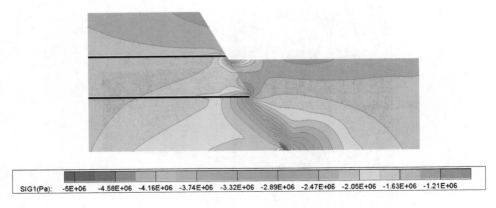

图 2-20　口泉断裂周围岩体最大主应力垂直方向分布图

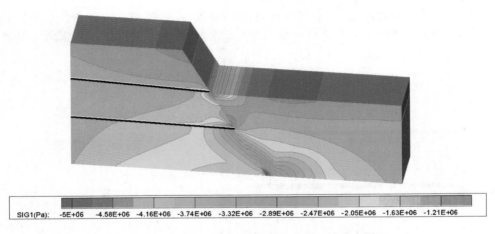

图 2-21　口泉断裂周围岩体最大主应力三维分布图

见图 2-22。模型左右边界施加位移边界,左边界施加方向向右的 0.32 mm/时步的边界条件,即每计算 1 个时步左边界向右移动 0.32 mm;右边界施加方向向右的 0.22 mm/时步的边界条件,即每计算 1 个时步右边界向右移动 0.22 mm。模型底部垂直方向位移限制,水平方向位移自由;模型上部为自由边界。

　　模拟的主要目的是研究构造的挤压运动对区域应力场的影响,考虑计算机的内存及计算速度,模型共计算了 20 000 时步,相当于模拟断块运动了 200 年,这相对地质构造演化时间是十分短暂的,但对于此次的研究是没有影响的。

　　图 2-23、图 2-24 为水平挤压情况下口泉断裂两侧岩体最大主应力分布图。由图 2-23和图 2-24 可知,断裂面及其附近区域形成了应力集中,而且口泉断裂西侧的云冈块坳岩体的应力集中程度高于断裂东侧桑干河新裂陷岩体的应力集中程度,同样位于云冈块坳内的石炭二叠纪煤层的应力水平高于侏罗纪煤层的应力水平,而且在侏罗纪煤层的上部岩体内存在应力降低区。大同煤田侏罗纪煤层赋存标高在 +1 000~+1 100 m 之间,由于没有口泉断裂东侧地层的约束,即存在自由边界,在受挤压的情况下通过自由边界应力能够转移,挤压造成的弹性潜能得以释放一部分,因此在开采过程中岩体虽发生失稳破坏,但是这种破

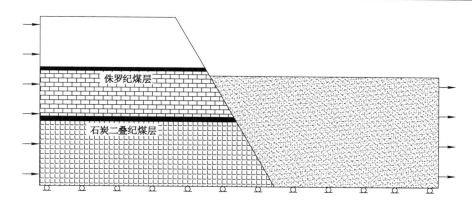

图 2-22 物理模型及边界条件

坏的强度相对较低。而位于 +1 000～+1 100 m 标高以下的煤岩体,由于受到口泉断裂东侧地层的约束,不存在释放能量的自由边界,当受到挤压时其能够积聚更多的弹性潜能,因此在开采过程中围岩发生的失稳破坏要比上部侏罗纪煤层开采时的强烈。

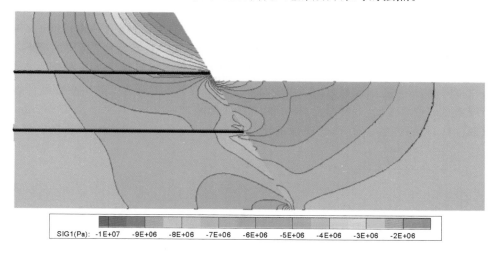

SIG1(Pa): -1E+07 -9E+06 -8E+06 -7E+06 -6E+06 -5E+06 -4E+06 -3E+06 -2E+06

图 2-23 水平挤压情况下口泉断裂周围岩体最大主应力垂直方向分布图

（3）垂直升降对"双系两硬"煤层的影响分析

目前口泉断裂的两盘仍存在相对运动,上盘下降,下盘上升,表现为正倾滑断层的运动方式。由于受新生代的主张力的作用,除口泉断裂本身,断裂两侧的岩体都出现了主张力作用下的地貌形态,如大同矿区分布着较多的正断层。主张力作用严重地破坏了岩体的原有层状结构,使其连续性遭到破坏,岩层出现断错结构,岩体纵向裂隙发育,在进行开采扰动后,顶板岩层的垮落形态与高度将会发生变化。当石炭二叠纪煤层进行放顶煤开采时,采出煤层的厚度成倍增加,顶板岩层的垮落空间加大,加之局部区域断错结构的存在,采空区上方的裂缝带高度很有可能发展至侏罗纪煤层,从而导致双系煤层采空区通过采动裂隙而相互连通。同忻煤矿的 8106 综放面在开采过程中,石炭二叠纪煤层采空区与上覆侏罗纪煤层采空区相互连通,导致上覆采空区积聚的有毒有害气体涌入 8106 工作面采空区,此现象的

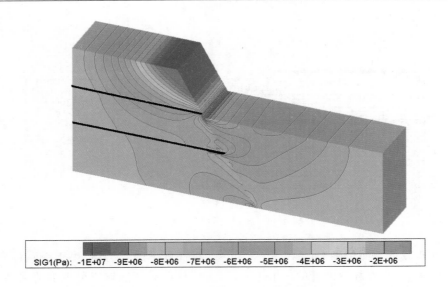

| SIG1(Pa): | -1E+07 | -9E+06 | -8E+06 | -7E+06 | -6E+06 | -5E+06 | -4E+06 | -3E+06 | -2E+06 |

图 2-24　水平挤压情况下口泉断裂周围岩体最大主应力三维分布图

出现证明了口泉断裂竖直的升降运动对采动覆岩的运动与破坏规律有一定程度的影响。

　　为了更加全面地了解口泉断裂的升降运动对大同矿区"双系两硬"煤层的影响过程及机理,利用 FLAC[3D]来模拟这一运动过程。物理模型及边界条件见图 2-25。模型左右边界水平方向位移限制,垂直方向位移自由。由于目前没有断裂下盘上升速度的实测数据,因此选择使用断裂上盘的位移速度,方向向上,即断裂下盘底部施加向上位移,大小为 2.36 mm/时步,下盘顶部位移自由;断裂上盘顶部施加向下位移,大小为 2.36 mm/时步,上盘底部为自由边界。

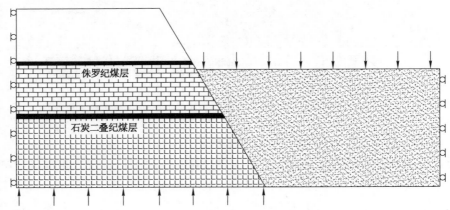

图 2-25　物理模型及边界条件

　　模拟计算了 20 000 时步,相当于模拟断块运动了 200 年。图 2-26、图 2-27 为口泉断裂持续升降过程中岩体的最大主应力分布图。与自重应力条件下计算结果相比,由图 2-26 和图 2-27 可知,两侧岩体的升降运动导致断裂面处形成挤压应力,岩体中应力呈层状分布。石炭二叠纪煤层应力水平高于侏罗纪煤层应力水平。石炭二叠纪煤层中最大主应力为 5～

6 MPa,侏罗纪煤层中为 2～3 MPa,相比自重应力条件下,石炭二叠纪和侏罗纪煤层最大主应力均大幅度增加,升降运动对双系煤层应力环境影响明显。

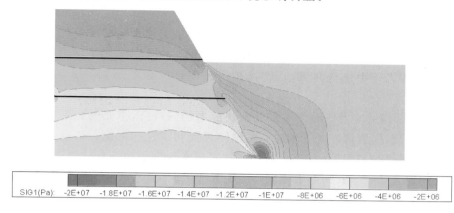

SIG1(Pa): -2E+07 -1.8E+07 -1.6E+07 -1.4E+07 -1.2E+07 -1E+07 -8E+06 -6E+06 -4E+06 -2E+06

图 2-26　口泉断裂持续升降过程中周围岩体最大主应力垂直方向分布图

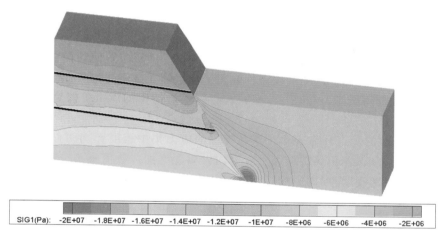

SIG1(Pa): -2E+07 -1.8E+07 -1.6E+07 -1.4E+07 -1.2E+07 -1E+07 -8E+06 -6E+06 -4E+06 -2E+06

图 2-27　口泉断裂持续升降过程中周围岩体最大主应力三维分布图

　　口泉断裂既有水平运动又有垂直运动,致使在进行数值模拟过程中两种情况下设置模型边界条件时发生冲突,因此将该断裂的运动分为两种情况进行模拟。从模拟的结果来看,无论是口泉断裂的水平挤压还是垂直升降对大同矿区的"双系两硬"煤层的应力环境都有较大影响,实际中口泉断裂的运动更加复杂,对周围岩体的稳定性及应力场的影响将会更加显著,因此在进行"双系两硬"煤层开采时要着重考虑这一地质动力环境。

2.7　同忻井田地质动力环境对矿压显现的影响分析

　　(1)同忻井田毗邻口泉断裂,口泉断裂的活动对同忻井田围岩稳定性及矿压显现具有明显的影响及控制作用。以口泉断裂为接触边界的鄂尔多斯断块与山西断陷带存在相对运动速度差,形成了口泉断裂挤压的动力学状态;以口泉断裂为边界所划分的桑干河新裂陷的大块下沉和云冈块坳的相对大块上升是大同矿区新构造运动的基本特征。概括地说，口泉断裂既有水平挤压运动，又有垂直升降运动，在两者共同作用下，形成了同忻井田典型的地质动力环境。

（2）对大同矿区近 25 年间地震活动的分析表明，研究时大同矿区及其邻区地壳应变积聚处于较高水平，并且仍处于积累阶段的活跃期。在这一状态下，地层结构对工程扰动的反应相对灵敏，在煤岩体中进行开采活动时，矿压显现规律趋于复杂，强矿压显现的可能性增强。

（3）大同矿区构造应力场沿袭了华北断块应力场的特征，主要受北东至北东东向挤压构造应力场的控制，同忻煤矿井下地应力测量结果证明了这一结论。口泉断裂与最大主应力近 30°的夹角关系使口泉断裂的活动性增强，主要表现为压性特征的同时，兼具一定的剪切作用。这一应力状态下其周围岩体能够产生大的压缩应变，积聚较高的弹性潜能，受开采扰动围岩容易失稳。

（4）口泉断裂作为同忻井田附近最重要的一条活动断裂，它的活动特征影响着双系煤层的应力环境。对口泉断裂自重、水平挤压、垂直升降三种条件下的数值计算表明，口泉断裂的水平挤压与垂直升降对大同矿区"双系两硬"煤层具有不同的动力响应。

（5）口泉断裂仍处于活动时期，断裂两侧岩体既有水平方向上的挤压运动又有垂直方向上的升降运动，断裂的持续运动将使附近的岩体内积聚大量能量[153]。口泉断裂水平挤压运动造成双系煤层均存在应力集中，但侏罗纪煤层的地层位置使其存在自由边界，应力和能量有释放的渠道；大同矿区的两硬条件强化了煤岩体在挤压受力下弹性潜能的储存，煤岩硬而脆容易产生瞬间破坏，在开采扰动的情况下，煤岩体中的能量可能突然释放，易引起强矿压显现。

（6）口泉断裂的垂直升降运动对双系煤层的应力集中程度影响明显，相比自重应力条件下，石炭二叠纪和侏罗纪煤层最大主应力均大幅度增加。数值模拟分析了口泉断裂活动对大同矿区"双系两硬"煤层的影响规律，实际中，口泉断裂持续的水平挤压运动与垂直升降运动对"双系两硬"煤层应力环境的影响程度成倍增加。口泉断裂的水平挤压和垂直升降对大同矿区煤层的应力环境都有较大影响，对周围岩体的稳定性及应力场的影响将会更加显著，因此在进行煤层开采时要着重考虑这一地质动力环境[153]。在这样的动力环境下，同忻井田浅部的忻州窑矿、煤峪口矿、同家梁矿出现了冲击地压，同忻煤矿 8100 与 8106 综放工作面出现了强烈的矿压显现。

综上，分别从构造演化、区域新构造运动、区域构造应力场、地震活动特征、口泉断裂活动性等方面对同忻井田"双系两硬"煤层的地质动力环境进行了评价，可以看出同忻井田的应力与能量分布规律主要受构造运动的影响，口泉断裂的水平挤压与垂直升降对井田内岩体应力分布、能量积聚的控制作用明显。因此，在这样的地质动力环境下进行开采活动，地层结构对扰动反应灵敏，围岩容易失稳而释放大量能量，形成强矿压显现。

3　同忻井田构造划分与构造应力场分析

3.1　大同矿区构造断块划分

3.1.1　地质动力区划方法

板块构造学说的成果成功地解释了地震、火山活动、造山运动等地质现象。同样,矿山工程处于构造块体中,必然受到板块构造活动的影响,矿井生产与板块及构造块体的活动有密切联系。地质动力区划方法的提出建立了从板块构造尺度到矿区(井田)尺度的联系,成为研究矿压显现的桥梁和纽带。

地质动力区划工作遵循从总体到局部的原则,查明地壳的活动构造,以解决工程实际问题为目标,针对人类工程活动所引发的地质动力现象开展研究工作。先在板块构造研究的基础上,进行Ⅰ、Ⅱ、Ⅲ、Ⅳ和Ⅴ级区划工作。每级区划所用比例尺逐渐增大,即研究范围在逐渐缩小。Ⅰ级区划工作是建立板块构造与工程所在的大区域构造活动之间的联系,下一级别的区划工作都是建立与上一级别区划研究的联系,并进一步细化研究内容和缩小研究范围,Ⅴ级区划工作尺度与井田范围相对应。通过这一系统的研究和区划工作,建立了板块构造学说与工程应用之间的联系,确定人类工程所处的地质构造和地质动力背景,查明各级构造断块的边界,划分构造活动区,建立工程所处位置的地质构造模型,进而分析岩体应力状态,划分应力升高区、应力降低区与应力梯度区。

用地质动力区划方法查明地壳的断块构造是根据由一般到个别的原则,即在大比例尺区划图上查明构造活动的"轮廓",从小比例尺区划图中抽象出个别构造特征。这样做能够查明区域构造发展的一般规律。地质动力区划断块划分所用地形图比例尺见表3-1。

表 3-1　地质动力区划断块划分所用地形图比例尺

序号	断块构造部分	断块级别	地形图比例尺
1	断块	Ⅰ	1:250 万
2	断块	Ⅱ	1:100 万
3	断块	Ⅲ	1:20 万～1:10 万
4	断块	Ⅳ	1:5 万～1:2.5 万
5	断块	Ⅴ	1:1 万

3.1.2　大同矿区构造断块划分

区域地质构造划分方法主要有绘图法、分形几何法、夷平面法、趋势面法、遥感图像法等,使用方法越多、资料越全面,得出的结果就越翔实可靠。实际工作中,采用全部或几种方法综合进行。在大同矿区构造断块划分工作中,以绘图法为主,结合航卫片判读、地面和井下考查、地震及区域构造活动调查方法来进行。最终划分出Ⅰ~Ⅴ级断块,确定了各级断块构造的边界——活动断裂。

在研究区域内共划出Ⅰ级活动断裂15条(图3-1),与已知的资料对比,在地形中不仅显现出许多熟知的断裂,而且有新的正在形成的断裂。例如,Ⅰ-3断裂与乌拉山山前断裂、Ⅰ-10断裂与六棱山山前断裂、Ⅰ-12断裂与太行山山前断裂等都有密切联系。在Ⅰ级断块区划成果上,在研究区域内共划出Ⅱ级活动断裂15条(图3-2),其中Ⅱ-2断裂与和林格尔断裂、Ⅱ-5断裂与清水河—偏关断裂、Ⅱ-7断裂与口泉断裂等都具有密切联系。同理,下一级的区划工作都是在上一级区划成果基础上进行的,在研究区域内共划出Ⅲ级活动断裂14条(图3-3)、Ⅳ级活动断裂17条(图3-4)、Ⅴ级活动断裂21条(图3-5)。在这些断裂中,北东、北西以及东西向断裂构成了井田的构造格局。

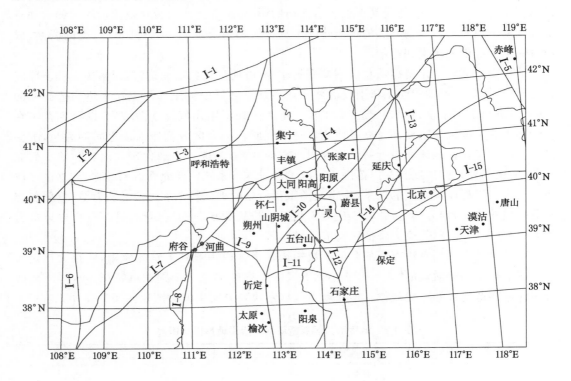

图 3-1 大同矿区Ⅰ级区划图

在室内完成了断块构造的划分后,通过野外调查对内业工作进行实际检查和补充。野外调查主要有两个目的:一是修正不准确信息。在内业工作的条件下,根据地形图现有的信息进行活动断裂划分,会产生不确定性,因为地形图提供的信息既有天然地貌的信息,也包含部分人类活动的结果。因此,通过野外考查,判定其是否为人工地貌,如为人工地貌,则不能够参与断块的划分,应剔除这些高程点,然后调整断块划分。二是补充与判定断裂的活动信息。活动断裂在地貌上并不会显示出完整的、规则的形态,而往往

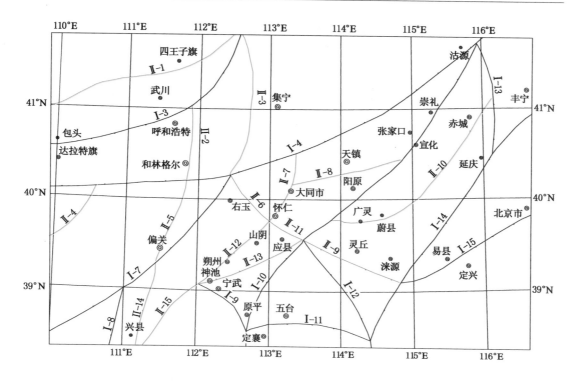

图 3-2 大同矿区 II 级区划图

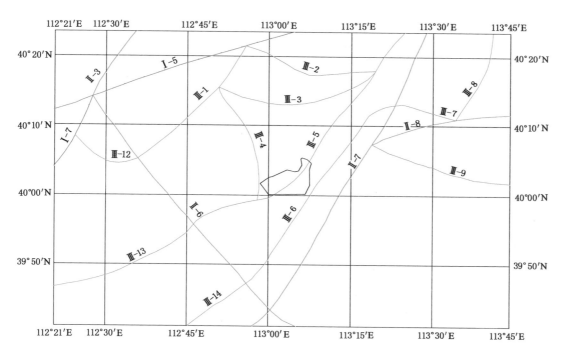

图 3-3 大同矿区 III 级区划图

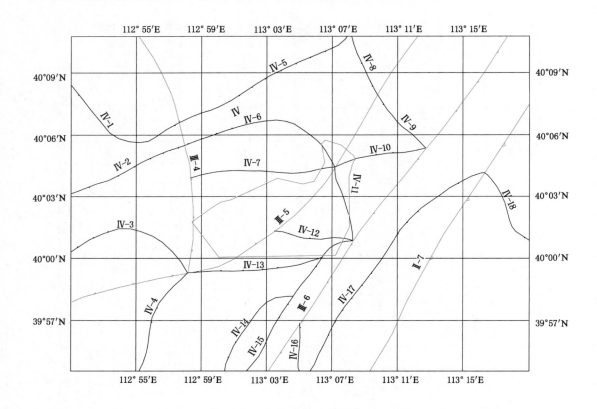

图 3-4　大同矿区Ⅳ级区划图

在某些地段表现出一定的片段特征。通过对这些地貌片段的调查,来确定活动断裂的空间形态和活动特征。

地质动力区划野外调查的内容包括地貌高程点检查、断裂地貌片段调查、水系分析、河流阶地变形分析、河流纵剖面调查、洪积扇调查、河流袭夺和改道调查、建筑物调查、断裂构造的地球物理探测等。根据大同矿区的区划成果,确定了需要重点调查的活动断裂及重点调查的地貌片段,野外考查部分结果如图 3-6 至图 3-10 所示。从考察结果来看,区划所确定的Ⅲ级、Ⅳ级断裂带在地貌上表现出较多的片段特征,它们具有较强的活动性。尤其是Ⅲ级断裂在地貌局部地带特征非常明显,如Ⅲ-6 断裂(口泉断裂)、Ⅲ-5 断裂与Ⅲ-4 断裂交汇部位等(图 3-6 至图 3-8)。部分Ⅴ级断裂由于在井田内受到人类工程活动的扰动,地貌形态遭受破坏,难以观察到明显的地貌特征。大同矿区地质构造活动导致局部区域地面出现了裂隙,宽度为 0.1～0.9 m,延展长度为 22～24 m(图 3-9)。构造活动影响严重区域的岩层呈现出直立倒转的现象(图 3-10)。野外考察结果表明,依据地形图划分的Ⅰ～Ⅴ级断裂是准确的,部分断裂表现出一定的地貌特征,而且一些地面或是岩层形态也间接地反映了大同矿区地质构造活动的强烈程度。

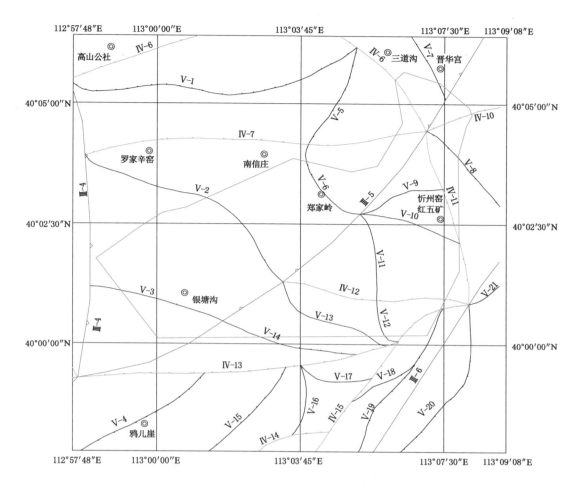

图 3-5 大同矿区同忻井田Ⅴ级区划图

(a) （b）

图 3-6 Ⅲ-6 断裂（口泉断裂）地貌形态

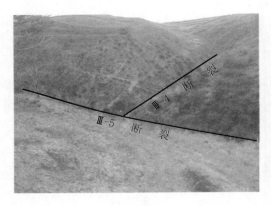

图 3-7　Ⅲ-5 与Ⅲ-4 断裂交汇处地貌形态　　　　图 3-8　Ⅳ-13 断裂地貌形态

图 3-9　地面断裂地貌　　　　　　　　图 3-10　岩层直立倒转

3.2　同忻井田岩体应力状态分析

3.2.1　岩体应力状态研究意义

地应力是引起采矿工程围岩、支护变形和破坏,产生矿压显现的根本作用力。准确的地应力资料是确定工程岩体力学属性,进行围岩稳定性分析和计算,实现采矿决策和设计科学化的必要前提条件。个别测点的应力测量结果并不能全面反映矿区地应力场的特性,通常用数值模拟方法进行应力分析,进而研究弹性应变能的密度及煤岩的破坏条件,进行区域应力场的分析研究。目前,国内外在区域构造应力场和岩体应力状态区域研究方面的主要难点是建立地质构造模型的方法。多数研究采用地质、地震界已经确定的断裂来建立区域构造模型。这里存在两点问题:① 对于一个区域,所建立的构造模型是不完整的,有的甚至相差很远;② 断裂构造,尤其是活动断裂对区域岩体应力状态的影响。基于板块构造学说的地质动力区划方法在解决上述两点问题上有了一定的进步,该方法在进行一定数量的测点资料控制的基础上建立岩性分布模型,将已知点的地应力数据作为边界及加载条件进行实验,进行相应的理论或数值分析、反演、回算和模拟,揭示区域构造和岩体应力状态间的内在关系。

3.2.2 井田地质构造模型建立

地质构造形式划分是在构造块体划分的基础上进行的,通过这一工作建立区域地质构造模型。研究中利用板块构造学说的观点和理论研究局部区域地质构造,遵循从一般到个别的原则,查清矿区及其邻近区域的各级断块结构,建立适合于采矿工程实际应用的地质构造模型,为井田应力场的研究奠定基础。依据同忻井田区划结果建立井田的地质构造模型,见图 3-11。

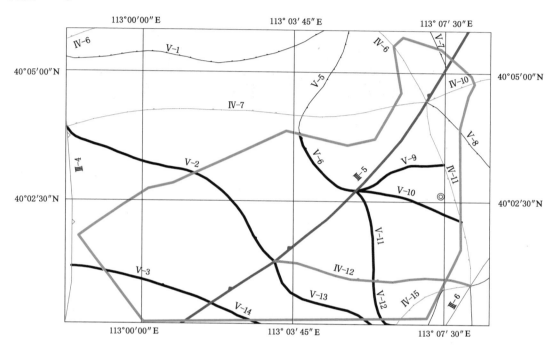

图 3-11 同忻井田地质构造模型

3.2.3 岩体应力状态分析系统

辽宁工程技术大学地质动力区划研究所基于有限元方法开发出了二维"岩体应力状态分析系统",该系统能够对几平方千米或几十平方千米的井田进行区域应力场计算,经过长期的实际应用,效果良好。

岩体应力状态分析系统主界面如图 3-12 所示。程序核心部分包括网格剖分计算、应力计算、形值点应力计算三部分。分析系统实现了有限元网格的自动剖分以及有限单元性质的图形化修改(图 3-13)。应力分析结果采用等值线方式输出,研究区应力的分布尤为直观。为了输出应力分布等值线,系统采用 Microsoft Visual Basic 6.0 作为开发工具,采用 ActiveX 技术,调用 Golden Software Surfer 进行等值线的绘制(图 3-14)。

3.2.4 模型建立及参数定义

(1)计算模型

利用已建立的地质构造模型进行井田范围内的应力计算。模型长度为 15 km,宽度为 11 km,面积为 165 km²;模型共划分了 16 761 个节点,33 000 个单元(图 3-15)。

(2)介质参数

图 3-12　岩体应力状态分析系统主界面

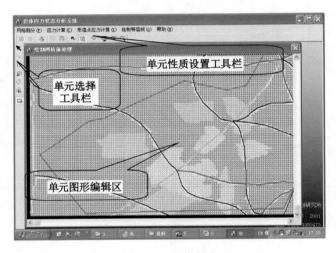

图 3-13　网络剖分

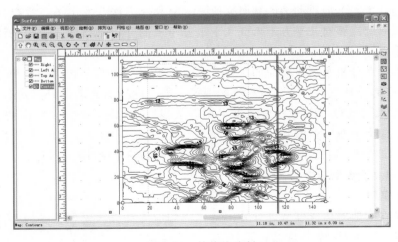

图 3-14　等值线绘制

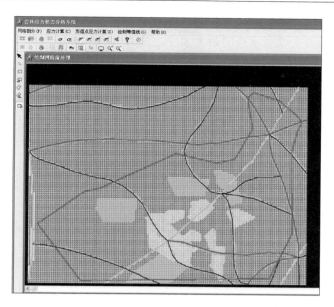

图 3-15　地质构造模型与网格剖分

　　计算区域内,在一定的应力或位移的边界条件下,所形成的应力场在大小和方向上的分布与区域内岩体的力学性质及分布状况有关。因而正确地确定计算区域内岩体参数及边界条件对计算结果有重要的影响。岩体力学参数的选取主要通过现场岩石取样,室内力学参数测试,并参考相同岩性的实验数据,得出大致范围(表 3-2)。同忻煤矿 3-5 煤层顶板岩层由中粒砂岩、粗粒砂岩、细砾岩、高岭岩和泥岩等多种岩石构成,其分布依据井田钻孔数据确定。断裂带的力学参数这样选取:Ⅰ~Ⅱ级断裂带的弹性模量取正常岩体参数的 1/10,Ⅲ~Ⅴ级断裂带取 1/5。根据断裂级别大小和计算上的要求,取Ⅰ级断裂带宽度为1 000 m,Ⅱ级断裂带宽度为 500 m,Ⅲ级断裂带宽度为 200 m,Ⅳ级断裂带宽度为 100 m,Ⅴ级断裂带宽度为 50 m。

表 3-2　岩体力学参数

岩性	弹性模量/MPa	泊松比
砂岩	44 706	0.24
泥岩	18 350	0.31
砾岩	32 420	0.26

(3)加载方式

　　矿区和井田地应力场研究表明,同忻煤矿地应力场属于水平应力场,地应力以水平压应力为主导。在应力数值上,最大主应力为 19.58 MPa,方位角为 245.92°,倾角为1.36°。以上述地应力量值和方位作为边界加载条件。

3.2.5　岩体应力状态计算结果

　　应用"岩体应力状态分析系统"软件,按前面选取的力学参数及边界载荷,计算了同忻井

田 3-5 煤层顶板应力场。用计算得到的应力数据,可以以应力等值线图的形式展示应力的
变化情况。同忻井田 3-5 煤层顶板的最大水平主应力等值线如图 3-16 所示。

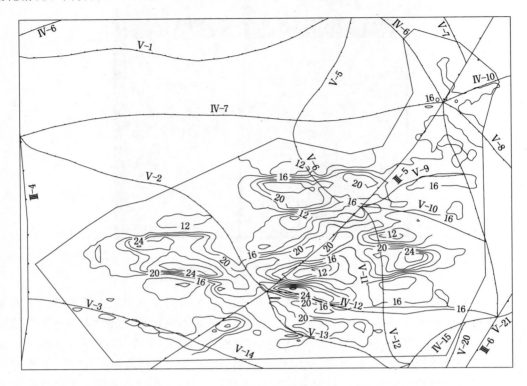

图 3-16　同忻井田 3-5 煤层顶板的最大水平主应力等值线图(单位:MPa)

3.2.6　同忻井田构造应力区划分

在岩体应力数值计算的基础上,对同忻井田 3-5 煤层顶板构造应力区进行划分,结果如
图 3-17 所示。具体描述如下。

(1) 应力升高区分为 5 个区域,具体如下:

① 被Ⅲ-5、Ⅴ-2、Ⅴ-3 断裂所围限。最大水平主应力值为 22～30 MPa,涉及井田西部,
影响范围约 3.01 km²。

② 位于井田北部,Ⅴ-6 断裂附近。最大水平主应力值在 23～26 MPa 之间变化,影响
范围约 0.3 km²。

③ 位于井田中上部,Ⅴ-2、Ⅲ-5 断裂附近。最大水平主应力值在 22～29 MPa 之间变
化,影响范围约 0.59 km²。

④ 位于井田中下部,Ⅳ-12、Ⅲ-5 断裂附近。最大水平主应力值为 25～27 MPa,影响范
围约 0.51 km²。

⑤ 位于井田东部,Ⅴ-11 断裂从其中穿过。最大水平主应力值在 24～27 MPa 之间变
化,影响范围约 2.47 km²。

(2) 应力降低区共有 4 个区域,具体如下:

① 位于Ⅴ-2、Ⅴ-3 断裂附近。最大水平主应力值在 9～15 MPa 之间变化,涉及井田西

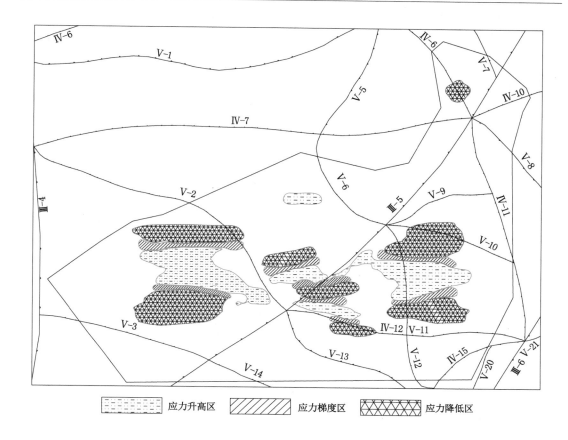

图 3-17　同忻井田 3-5 煤层顶板构造应力区划分图

部,影响范围约 3.89 km²。

② 位于 Ⅴ-2、Ⅳ-12 断裂附近,Ⅲ-5 断裂从其中穿过。最大水平主应力值在 10～14 MPa 之间变化,涉及井田中部,影响范围约 1.67 km²。

③ 位于 Ⅴ-9、Ⅳ-12、Ⅲ-5 断裂附近,Ⅴ-11、Ⅴ-10 断裂从其中穿过。最大水平主应力值在 12～15 MPa 之间变化,涉及井田东部,影响范围约 3.19 km²。

④ 位于 Ⅳ-10、Ⅳ-6、Ⅲ-5、Ⅳ-7、Ⅴ-8 断裂交汇处附近,Ⅳ-6 断裂从其中穿过。最大水平主应力值在 10～15 MPa 之间变化,涉及井田东北部,影响范围约 0.34 km²。

(3) 应力梯度区共有 3 个区域,具体如下:

① 位于井田西部。最大水平主应力值在 16～21 MPa 之间变化,影响范围在西部上侧靠近 Ⅴ-2 活动断裂处 0.5 km²,在西部下侧约 0.5 km²。

② 位于井田中部。最大水平主应力值在 17～20 MPa 之间变化,影响范围在中部上侧和有 Ⅲ-5 断裂穿过其中的中部都约 0.27 km²,在中部下侧由 Ⅳ-12 断裂穿过区域约 0.18 km²。

③ 位于井田东部。最大水平主应力值在 18～21 MPa 之间变化,影响范围在东部上侧约 0.32 km²,在东部下侧约 0.33 km²。两者都由 Ⅴ-11 断裂穿过。

3.3 同忻井田矿压显现分析

3.3.1 地质构造对井田矿压显现的影响

同忻井田内Ⅲ-5断裂、Ⅳ-12断裂和Ⅴ-2断裂对开采过程中的矿压显现具有重要影响，从空间上影响矿压显现的分布。Ⅲ-5断裂从井田的东北延伸至西南，与口泉断裂平行，其应力状态与口泉断裂相似，对整个井田的应力状态具有重要作用。把井田内划分出的活动断裂同矿山压力显现点的信息进行对比分析得出：同忻煤矿8100工作面、8106工作面等开采过程中出现的强烈矿压显现，明显地受到地质构造的影响。如8100工作面发生强烈矿压显现的区域，处于Ⅲ-5断裂、Ⅳ-12断裂和Ⅴ-11断裂所围限的三角形区域内（图3-18）。8106工作面的矿压显现则主要受到了Ⅴ-11断裂的影响。

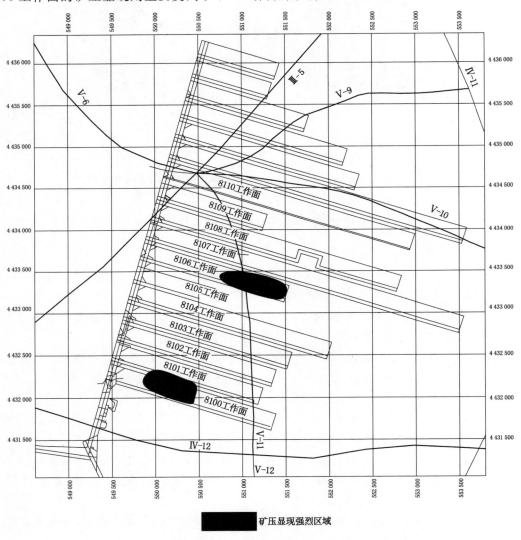

图 3-18　同忻井田工作面矿压显现与地质构造的关系

3.3.2 岩体应力对井田矿压显现的影响

在矿压显现过程中,岩体应力对其起控制作用,高构造应力决定了强矿压的存在。在应力升高区内,岩体承受着较大的应力作用,积聚了大量的弹性变形能,部分岩体接近极限平衡状态。当外部因素使其力学平衡状态破坏时,岩体内部的高应力急剧降低,弹性变形能突然释放,其中大部分能量转变为动能,导致强烈矿压显现发生。在应力梯度区内,岩体处在不同应力范围,应力差能够强化岩体的非均匀性。岩体在低应力到高应力的过渡阶段,应力和变形模量都有较大比例的增长,岩石的物理相态改变,岩石的脆性增大、破坏强度降低,致使更容易出现强烈矿压显现。

同忻井田的岩体应力计算和构造应力区划分表明,井田内存在若干应力升高区和应力梯度区。同忻煤矿8106工作面处于应力升高区内(图3-19),是其矿压显现强烈的另外一个

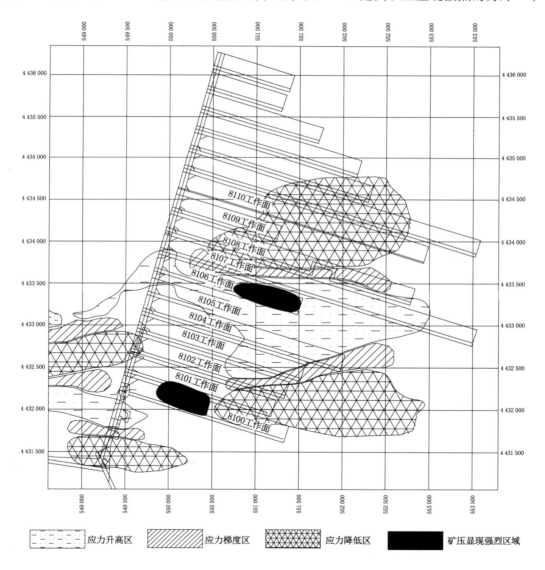

图 3-19 同忻井田工作面矿压显现与构造应力的关系

重要原因。可以推断,在其他应力升高区和应力梯度区内,矿压显现相对应力正常区域或者应力降低区要强烈。

3.3.3 顶板岩性对井田矿压显现的影响

岩石的力学性质,除了受受力条件和赋存环境等外在因素影响外,其岩性等内在因素起着决定性的作用。国内外学者对岩石成分和结构与岩石力学性质之间的关系进行了分析,初步建立了岩石强度与颗粒大小之间的相关性。这些认识促进了人们对不同岩性岩石力学性质的关注,并将研究成果应用到煤层顶板稳定性评价中,已取得了较好的效果。研究表明,沉积岩性对矿压显现有着重要的影响。相同采深条件下,采煤工作面前方不同岩性顶板的最大支承压力有一定差异,表现为砂岩最大,砂质泥岩次之,泥岩最小。

同忻井田 3-5 煤层伪顶主要为碳质泥岩、高岭质泥岩和砂质泥岩,个别区域为泥岩和粉砂岩,具水平及微波状层理,厚度为 0.10～0.65 m,呈零星散布。直接顶岩性为砂质泥岩、碳质泥岩、高岭质泥岩及泥岩等泥质岩类,仅个别区域为粉砂岩,具水平及波状层理,厚度为 0.70～13.12 m,少数为复层结构,层数较多,多为泥岩类薄层相间互层,稳定性差。基本顶主要为粗粒砂岩和砂砾岩,少数为细粒砂岩和中粗粒砂岩,分布较稳定,多为 K_3 砂岩或 K_8 砂岩,厚度变化较大,厚至巨厚层状,具交错层理,钙质泥岩胶结,厚度为 2.0～44.67 m。同忻井田 3-5 煤层顶板岩性分布图如图 3-20 所示。

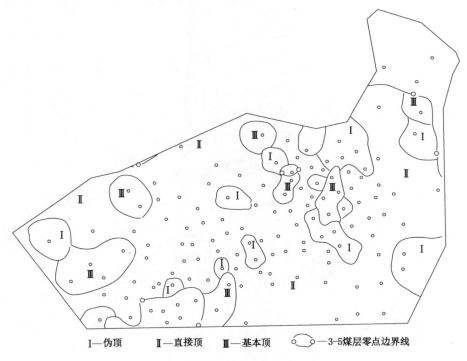

Ⅰ—伪顶　　Ⅱ—直接顶　　Ⅲ—基本顶　　⌇⌇—3-5煤层零点边界线

图 3-20　同忻井田 3-5 煤层顶板岩性分布图

同忻井田岩体应力状态计算结果表明,顶板岩性对岩体应力的空间分布具有重要影响。当顶板岩性为砂岩时,岩体应力一般较高;当顶板岩性为泥岩时,岩体应力则相对较低。同忻井田构造应力区中的应力升高区,往往是顶板岩性为砂岩等坚硬岩石的区域;应力降低区则普遍出现在顶板岩性为泥岩等软弱岩石的区域；应力梯度区往往出现在软硬岩石过渡的区域。同忻煤矿的生产实践也表明，当工作面开采至顶板岩性为砂岩等坚硬岩石区域时，支承压力大，工作面前方支承压力峰值处距工作面距离小，工作面初次来压步距和周期来压步距大，矿压显现强烈；而在强度较低的泥岩顶板区，支承压力小，工作面前方支承压力峰值位置向岩体内部推移，工作面初次来压步距和周期来压步距小，矿压显现不明显。

3.4　矿压显现强度区域划分

通过上面的分析明确了地质构造、岩体应力、顶板岩性对矿压显现的影响，接下来利用模式识别原理完成对整个井田矿压显现强度的区域划分。具体做法为：将研究区域划分为有限个预测单元，确定各影响因素的量值，运用多因素模式识别技术进行综合智能分析；通过对已发生强矿压区域的分析，确定多个影响因素的组合模式及与强矿压显现之间的内在联系。将确定的矿压显现模式与已开采区域的强矿压显现模式对比分析，应用神经网络和模糊推理方法确定预测区域各单元发生强矿压的可能性；根据各单元预测概率，按不同的强弱性概率临界值划分井田的矿压显现强烈区、矿压显现中等强烈区、矿压显现明显区、矿压显现正常区（图 3-21）。

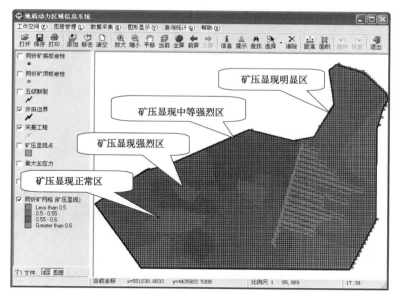

图 3-21　同忻井田矿压显现强度区域划分

4　工作面围岩活动规律模拟研究

4.1　综放工作面矿压显现规律

20 世纪初,欧洲最先试用了放顶煤开采方法,当时只是作为在复杂地质条件下的一种特殊采煤方法。1940—1970 年代,法国、南斯拉夫、苏联等一些欧洲国家试验研究了综采放顶煤开采技术,我国在 1950 年代也试验过长壁放顶煤采煤法。但由于世界能源结构变动、开采条件限制等多方面原因,此后放顶煤开采技术发展缓慢。1980 年代初,我国才开始大力发展机械化放顶煤开采技术。经过 30 多年的发展,综采放顶煤从试采到推广和广泛使用,在开采工艺的研究和装备的设计制造和配套方面都积累了大量宝贵的经验。随着综采放顶煤技术的发展,我国很多专家学者对其进行了多方面大量卓有成效的研究[154-159],对综放开采支架-围岩关系、矿压显现、顶煤破坏过程、顶煤冒放等基本问题已经有了比较深入的一致认识:

① 由于综放采出煤层厚度的成倍增加,采空区自由空间大,上覆岩层形成的"三带"范围较其他采煤方法要大,控制采场岩层运动与矿压显现的砌体梁结构仍然存在,但其形成的位置远离煤层,基本顶断裂和失稳的位置远离采场。

② 在综放工作面,"基本顶—直接顶—顶煤—支架"组成了一个相互作用的支架围岩系统。由于顶煤的"垫层"作用,综放工作面来压强度缓和、周期来压不明显、来压步距减小、动载系数不大。

③ 与单一长壁采煤工作面相比,综放采场的支承压力峰值有所减小,而峰值位置至煤壁的距离加大,即综放采场的支承压力峰值向煤壁深处转移,因而煤壁前方塑性区的范围加大。

④ 支架前柱工作阻力普遍大于后柱工作阻力,一般高 10%～15%;支架后柱在放煤后有相当比例阻力下降,甚至降为零。

当在煤层与顶板都为坚硬煤岩体条件下进行综放开采时,采场矿压既沿袭了综放开采矿压显现的一般规律,又增添了由坚硬顶板所引起的特殊矿压显现规律[160-166]:

① 坚硬顶板在采空区呈整体性大面积垮落,初次来压步距一般大于 50 m,整体厚砂岩砾岩组合顶板则大于 60 m,个别达 100 m 以上,周期来压步距一般也达 20～50 m。

② 坚硬顶板的垮落块度大,碎胀系数小(一般为 1.01～1.1),因此顶板活动波及层位高,作用时间长。

③ 工作面周期来压有大小周期之分。下位岩层"半拱式"或"悬臂式"小结构失稳运动时,工作面产生不明显的小周期来压;高位岩层"砌体梁式"大结构失稳运动时,工作面产生高强度的大周期来压。

④ 坚硬顶板易于积累弹性能,当达到其破坏极限时瞬间破坏,造成工作面冲击式载荷

显现、动载系数大等,给工作面支架及回采巷道的稳定性带来较大影响。

地质动力环境分析表明同忻井田受口泉断裂活动的影响和控制,岩体中积聚了大量弹性能,矿压显现受地质构造、岩体应力、顶板岩性综合作用的影响。开展同忻煤矿综放工作面覆岩运动与矿压显现规律的研究对预测与控制强矿压的发生具有重要指导意义。对于工作面覆岩运动与矿压显现规律的研究除通过现场实测手段来进行外,实验室模拟方法也得到了广泛应用。本书采用相似材料模拟与数值模拟相结合的研究手段,对工作面上覆岩层运动与破坏特征、围岩应力分布等问题展开研究,揭示同忻煤矿"双系两硬"综放工作面与回采巷道的覆岩运动与矿压显现规律。在进行相似材料模拟之前先对工作面上覆围岩进行关键层判别,以便在实验中研究关键层的运动特征和其对矿压显现的影响规律。

4.2　覆岩关键层判别

4.2.1　工作面概况

8100 工作面位于 3-5 煤层北一盘区,西以北一盘区三条盘区大巷保护煤柱为界,北以 8101 工作面顺槽煤柱为界。8100 工作面平均埋深 447.5 m,倾斜长度为 193 m,可采走向长度为 1 406 m。工作面巷道布置见图 4-1。工作面煤厚为 3.77～23.5 m,平均为 15.3 m,倾角为 2°～3°。工作面采用综采放顶煤开采工艺,割煤厚度为 3.9 m,放煤厚度为 11.4 m,采放比约为 1∶2.9,日推进度为 6.4 m。

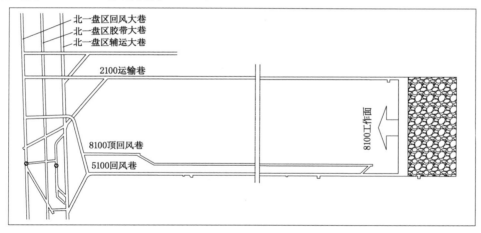

图 4-1　8100 工作面巷道布置

8100 工作面基本顶为含砾粗砂岩,厚度为 2.2～8.3 m,成分以石英、长石为主,砾径为 1～4 cm,孔隙充水,为 K3 砂岩。直接顶为砂质泥岩及碳质泥岩,厚度为 0.80～6.50 m,断口平坦,层理发育,性脆易碎。直接底为碳质泥岩、粉砂岩及高岭岩,厚度为 0.5～4.9 m,性脆易碎,断口呈贝壳状,中夹薄层煤屑。

工作面对应上覆侏罗纪 8、9、11 煤层大部分已经采空。12、14 煤层采空区占工作面走向长度近一半,14 煤层与本层间距为 175～194 m。8100 工作面与 14 煤层采空区对应关系见图 4-2。工作面对应的地面位于同家梁矿后沟以东至永定庄矿北台山一带的山梁及山沟处,由西向东依次为后沟、菜园街山坡小沟、狼儿沟、紫金沟、沟内,井上下对照见图 4-3。

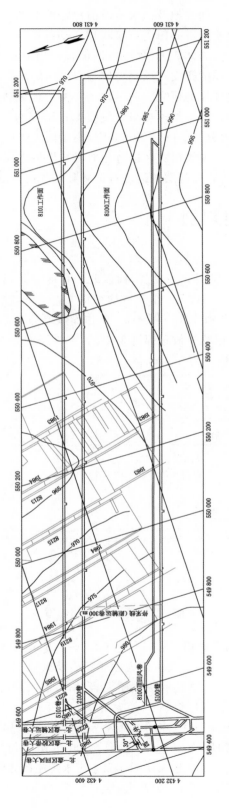

图4-2 8100工作面与14煤层采空区对照图

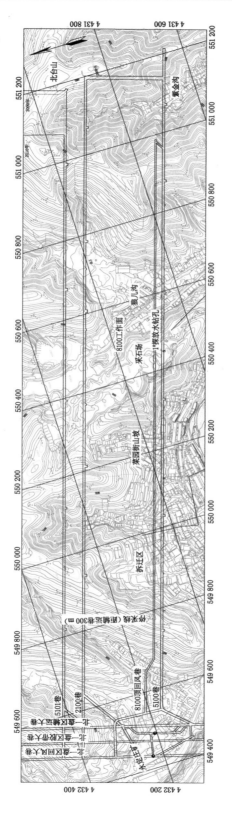

图4-3　8100工作面井上下对照图

4.2.2 结构关键层判别

钱鸣高院士等在"砌体梁"理论基础上提出了"关键层"理论。建立关键层理论的主要目的是在复杂的采动岩体结构中确定对岩层活动起主要控制作用的岩层[167]。在采场上覆岩层中存在多层坚硬岩层时,对岩体活动全部或局部起决定作用的岩层称为关键层,前者可称为岩层运动的主关键层,后者可称为亚关键层。

由"关键层"的变形和破断特征,钱鸣高院士提出了"关键层"的两个判别条件。

第一为刚度条件,其几何意义为第 $n+1$ 层岩层的挠度小于其下部岩层的挠度,即第 $n+1$ 层岩层作用在第 m 层岩层上载荷小于第 n 层岩层作用在第 m 层岩层上载荷,判别表达式为:

$$q_m|_{n+1} < q_m|_n \tag{4-1}$$

式中　$q_m|_{n+1}$ ——第 $n+1$ 层岩层对第 m 层岩层载荷,kN;

$q_m|_n$ ——第 n 层岩层对第 m 层岩层载荷,kN。

第二为强度条件,假设第 $n+1$ 层岩层为关键层,它的破断距为 l_{n+1},第一层岩层的破断距为 l_1,则关键层的强度判别条件为:

$$l_{n+1} > l_n \tag{4-2}$$

式中　l_{n+1} ——第 $n+1$ 层岩层破断距,m;

l_n ——第 n 层岩层破断距,m。

如果满足式(4-2),则第 $n+1$ 层岩层为亚关键层。如果 l_{n+1} 不能满足式(4-2)的判别条件,则应将第 $n+1$ 层岩层所控制的全部岩层作为载荷作用到第 n 层岩层上部,计算第 n 层岩层的变形和破断距后再继续判别。

研究中以位于 8100 工作面内的 1508 钻孔数据(表 4-1)为参照进行覆岩关键层的判别,3-5 煤层至 14 煤层之间有 25 层岩层,其中以坚硬的砂岩和砾岩为主,软弱的泥岩分布很少。根据关键层的判别条件,从下向上逐层计算各上覆岩层的载荷,判断硬岩层,确定关键层。由于 8100 工作面上覆约 200 m 处为侏罗系采空区,因此关键层计算边界至侏罗系采空区为止。计算结果见表 4-2。

表 4-1　同忻煤矿 8100 工作面综合柱状及岩层物理力学参数(参照 1508 钻孔)

序号	岩层名称	实际厚度/m	重度/(kN/m³)	抗拉强度/MPa	弹性模量/GPa
Y25	粗粒砂岩	25.4	25.37	5.42	20.12
Y24	细粒砂岩	6.2	27.54	8.64	35.87
Y23	粗粒砂岩	14.3	25.24	5.34	21.31
Y22	细粒砂岩	10.7	26.82	8.11	36.12
Y21	砂质泥岩	2.9	26.51	4.14	18.56
Y20	砾岩	5.1	27.15	3.92	28.42
Y19	砂质泥岩	6.9	25.98	5.81	18.46
Y18	粉砂岩	10.5	25.20	4.52	23.17
Y17	细粒砂岩	10.3	26.51	7.87	36.01
Y16	砾岩	4.6	26.95	4.23	28.64
Y15	细粒砂岩	10.7	27.17	7.93	35.21

表 4-1（续）

序号	岩层名称	实际厚度/m	重度/(kN/m³)	抗拉强度/MPa	弹性模量/GPa
Y14	粉砂岩	3.2	24.58	4.45	23.48
Y13	中粒砂岩	13.7	25.52	7.01	29.62
Y12	砾岩	12.0	27.10	4.34	28.74
Y11	粗粒砂岩	3.5	23.89	5.24	19.98
Y10	砾岩	12.9	27.35	4.34	28.43
Y9	细粒砂岩	14.8	25.62	8.20	35.62
Y8	粗粒砂岩	4.3	24.21	4.82	20.32
Y7	粉砂岩	2.4	25.78	4.25	23.35
Y6	山₄煤层	2.1	10.36	1.27	0.42
Y5	粉砂岩	5.3	26.45	4.97	23.64
Y4	细粒砂岩	2.1	27.12	7.81	35.54
Y3	中粒砂岩	7.7	26.73	6.14	29.57
Y2	K3 砂岩	5.3	25.44	7.68	36.21
Y1	砂质泥岩	3.2	26.31	5.47	18.35

3-5 煤层

表 4-2　8100 工作面关键层分布

序号	岩层名称	实际厚度/m	硬岩位置	计算载荷/(kN/m²)	破断距/m	关键层
Y25	粗粒砂岩	25.4				
Y24	细粒砂岩	6.2				
Y23	粗粒砂岩	14.3	第六层硬岩	467.54	75.06	主关键层
Y22	细粒砂岩	10.7	第五层硬岩	286.97	74.78	
Y21	砂质泥岩	2.9				
Y20	砾岩	5.1				
Y19	砂质泥岩	6.9				
Y18	粉砂岩	10.5				
Y17	细粒砂岩	10.3				
Y16	砾岩	4.6				
Y15	细粒砂岩	10.7				
Y14	粉砂岩	3.2				
Y13	中粒砂岩	13.7	第四层硬岩	678.37	68.47	亚关键层Ⅲ
Y12	砾岩	12.0				
Y11	粗粒砂岩	3.5				
Y10	砾岩	12.9				
Y9	细粒砂岩	14.8	第三层硬岩	580.26	62.28	亚关键层Ⅱ

表 4-2(续)

序号	岩层名称	实际厚度/m	硬岩位置	计算载荷/(kN/m²)	破断距/m	关键层
Y8	粗粒砂岩	4.3				
Y7	粉砂岩	2.4				
Y6	山₄煤层	2.1				
Y5	粉砂岩	5.3				
Y4	细粒砂岩	2.1				
Y3	中粒砂岩	7.7	第二层硬岩			
Y2	K3砂岩	5.3	第一层硬岩	134.83	41.96	亚关键层 I
Y1	砂质泥岩	3.2				

3-5 煤层

由表 4-2 可知,经强度条件判别,确定上覆岩层中为硬岩的共有 6 层,再经刚度条件判别,最终确定关键层共有 5 层。其中,Y2、Y9、Y13 层为亚关键层;由于 Y22 层与 Y23 层为相邻岩层,且两者破断距基本一致,故将 Y22 层与 Y23 层共同视为主关键层。8100 工作面上覆岩层多为强度较高的坚硬岩层,满足关键层判别条件的岩层较多。

4.2.3 隔水、隔气关键层判别

如果某一岩层的破坏使顶板或底板的阻水(隔水)能力急剧下降,以致引发突水灾害,则这一岩层称为隔水(保水)关键层。隔水关键层同样起到隔气的作用,水或气要突破关键层有两条途径,即天然构造通道和采动裂隙贯通[168],无论哪一条通道被贯通或两条通道被同时贯通,突水或是透气通道也即形成。

根据含煤地层的构造特征以及水体的流通特性能够总结出对形成隔水关键层有利的条件:(1)水源与工作面之间有明显的较厚岩层或土层(例如厚表土层);(2)假设煤层上部含水层在结构关键层的上方,如果结构关键层采动后不破断,则结构关键层可起到隔水作用,同时就是隔水关键层;(3)如果结构关键层采动后发生破断,但破断裂隙被软弱岩层所充填,裂隙被弥合,堵塞渗流突水通道,则结构关键层与软弱岩层组合形成复合隔水关键层。由此可知,隔水关键层与岩层控制中的结构关键层之间,既有区别,也有共性[169]。

根据同忻煤矿 8100 工作面 1508 钻孔数据得知,顶板覆岩以坚硬的砂岩类岩石为主,满足结构关键层判别条件的岩层较多。当结构关键层在采动影响下没有发生破断时,结构关键层即成为隔水、隔气关键层;当结构关键层发生破断后,该结构关键层就失去了隔水、隔气的作用,而此时如上覆存在软弱的岩层能够对其裂隙进行填实,此结构关键层仍会起到隔水、隔气的作用。结构关键层与软弱岩层组合形成复合隔水关键层在采场覆岩中更为常见。从 1508 钻孔数据分析,符合复合隔水关键层的岩层组合较少,主要原因是覆岩中缺少软弱岩层。从前面对同忻井田地质动力环境分析中得知,受口泉断裂活动的影响,岩体中纵向裂隙发育,这对形成隔水、隔气关键层十分不利。

4.3　采动覆岩运动与破坏规律相似模拟实验

4.3.1　相似材料模拟内容

相似材料模拟实验是在实验室利用相似材料,依据现场柱状图和煤岩力学性质,按照相似材料理论和相似准则制作与现场相似的模型,然后进行模拟开采,在模型开采过程中对于开采引起的覆岩运动及围岩应力分布规律进行连续观测。根据模型实验的实测结果,利用相似准则,求算或反推该条件下现场开采时的顶板运动和围岩应力分布规律,以便为现场提供理论依据。本次相似材料模拟实验具体研究内容如下:

(1) 工作面上覆岩层运动与破坏规律、结构关键层失稳模式;

(2) 基本顶初次垮落步距、周期来压步距、上覆岩层"三带"分布、覆岩充分采动角、顶板位移;

(3) 工作面矿压显现情况及围岩应力分布规律。

4.3.2　相似材料模拟理论

相似材料模拟方法是在确保相似条件的情况下,对物理模型作尽可能的简化后,研究地下开采引起的覆岩运动和破坏过程。在进行相似材料模拟实验时,尤其是大比例模型实验,当研究区域埋深较大时,模型往往只铺设到需要考察和研究的范围为止。其上部岩层不再铺设,而以均布载荷的形式加在模型上边界,所加载荷大小为上部未铺设岩层的重力。相似材料模拟实验方法是建立在牛顿力学相似理论基础之上的,其满足条件是,模型和被模拟体必须保证几何形状方面、质点运动的轨迹以及质点所受的力相似。相似理论的基础是相似三定理。

要使模型中发生的情况能如实反映原型中发生的情况,就必须根据问题的性质找出主要矛盾,并根据主要矛盾确定原型与模型之间的相似关系和相似准则,相似准则要求具备几何相似、运动相似、动力相似。根据上述相似准则将原型中煤岩层物理力学指标换算成模型上相应的参数,另外相似模型同时满足原型的所有物理力学指标是很困难的,也是没有必要的,应根据要解决的问题,选择影响模型和原型的主要指标作为相似参数。

4.3.3　相似材料选取

根据相似理论,在模型实验中应采用相似材料制作模型。相似材料的选择、配比以及实验模型的制作方法对材料的物理力学性质具有很大的影响,对模拟实验的成功与否起着决定性作用[170-172]。在模型实验研究中,选择合理的模型材料及配比具有重要意义。

根据本次相似模拟的实际需要及模拟煤岩层的力学属性,选择石英砂作为骨料,石灰、石膏作为胶结物,根据各种材料不同的配比做成标准试件,并测出其视密度、抗拉强度、抗压强度(表4-3)。

4.3.4　实验装备及观测系统

实验装备主要由模型实验台组成,实验台由三个系统构成,即框架系统、加载系统和测试系统。其中,框架系统规格为长×宽×高＝5 000 mm×300 mm×2 000 mm。加载系统由模型架上方的杠杆加载实现,用以模拟超出模型范围的上覆岩层的重力。根据模型的基岩(剖面)设置网格线,在网格线的交点处粘贴标志点用以测量围岩位移。

表 4-3　石英砂、石灰、石膏相似材料配比

配比号	材料配比				单轴抗压强度 /(10^{-2} MPa)	抗拉强度 /(10^{-2} MPa)	视密度/(g/cm³)	备注
	砂胶比	胶结物		水分				
		石灰	石膏					
337	3∶1	0.3	0.7	1/9	36.800	4.400	1.5	
537		0.3	0.7	1/9	17.712	2.864	1.5	
555	5∶1	0.5	0.5	1/9	13.653	1.961	1.5	
573		0.7	0.3	1/9	6.897	0.972	1.5	
637		0.3	0.7	1/9	3.165	0.417	1.5	采用石
655	6∶1	0.5	0.5	1/9	0.902	0.086	1.5	英砂作
673		0.7	0.3	1/9	0.763	0.064	1.5	为骨料
737		0.3	0.7	1/9	0.837	0.079	1.5	
755	7∶1	0.5	0.5	1/9	0.685	0.058	1.5	
773		0.7	0.3	1/9	0.592	0.037	1.5	

　　实验中使用由西安交通大学信息机电研究所研制的 XJTUDP 三维光学摄影测量系统对模型表面位移进行监测。摄影测量是以透视几何理论为基础,利用拍摄的图片,采用前方交会方法计算三维空间中被测物几何参数的一种测量手段,其原理如图 4-4 所示,实物如图 4-5 所示。系统构件组成如下。

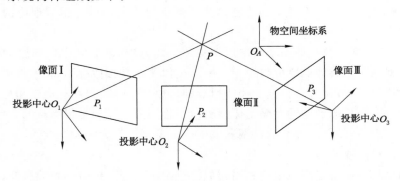

图 4-4　多幅拍摄标志点的前方交会示意图

　　(1) 系统测量软件:系统测量软件安装在高性能的台式机或笔记本电脑上。

　　(2) 编码参考点:由一个中心点和周围的环状编码组成,每个点有独立的编号。

　　(3) 非编码参考点:圆形参考点,用来得到测量物体相关部分的三维坐标。

　　(4) 专业数码相机:固定焦距可互换镜头的高分辨率数码相机。

　　(5) 高精度定标尺:用极精确的已经测量的参

图 4-5　XJTUDP 三维光学摄影测量系统

考点来确定它们的长度。

模型铺设过程中,在模型内布设应力监测装置,观测工作面开采过程中采动支承应力分布与变化情况。监测方法是采用 YJZ-32A 型智能数字应变仪(图 4-6)采集预先埋入模型中的 BW-5 型微型压力盒(图 4-7)的电信号数据,然后进行数据成图与分析。

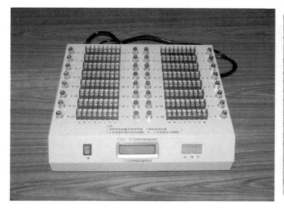 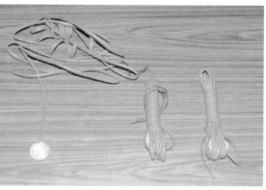

图 4-6 YJZ-32A 型智能数字应变仪   图 4-7 BW-5 型微型压力盒

4.3.5 模型设计与制作

根据实验室条件和研究需要,选用立式平面模型实验台,几何相似比 $\alpha_L = 150$,密度相似比 $\alpha_\rho = 1.7$,强度相似比 $\alpha_\sigma = 270$,时间相似比 $\alpha_t = 12.25$。模型铺设尺寸为长×宽×高 = 3 500 mm×300 mm×1 500 mm(图 4-8)。模型上边界距地表 270 m,通过杠杆装置加载等效于 270 m 厚岩层的自重应力 6.75 MPa。实验网格线按 20 cm×10 cm 制作,横向 10 条,纵向 11 条,横纵网格线交点处为位移监测点(图 4-9),共布置了 110 个位移监测点,监测点处粘贴非编码标志点,利用 XJTUDP 三维光学摄影测量系统实施位移监测。在 3-5 煤层中布置 6 个应力监测点,测点间距为 10 cm,利用 YJZ-32A 型智能数字应变仪实施应力实时监测。

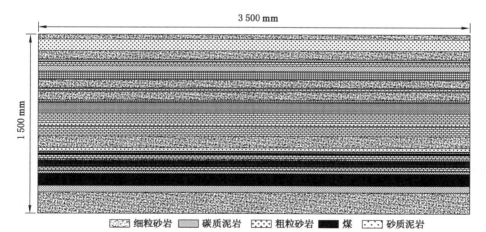

细粒砂岩 碳质泥岩 粗粒砂岩 煤 砂质泥岩
K3砂岩 中粒砂岩 粉砂岩 砾岩

图 4-8 相似材料物理模型

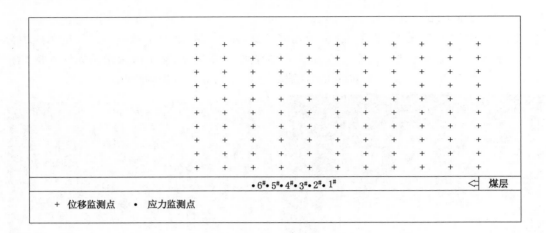

图 4-9　模型位移监测点和应力监测点的布置

　　选择视密度、抗拉强度和单轴抗压强度作为模型和原型相似的主要指标，同时考虑变形、剪切强度、弹性模量、泊松比等指标。在表 4-3 中找出与模拟岩层换算后相接近的模型强度值，那么该值的材料配比即代表模型相对应的岩层材料配比。各岩层换算指标及材料配比见表 4-4。

表 4-4　模拟岩层材料配比

序号	岩层名称	实际厚度 /m	模拟厚度 /cm	岩石强度/MPa		模型强度/MPa		模拟材料 配比号
				单轴抗压强度	抗拉强度	单轴抗压强度	抗拉强度	
27	细粒砂岩	6.2	4.1	71.53	8.64	0.265	0.032	437
26	粗粒砂岩	14.3	9.5	43.87	5.34	0.162	0.020	537
25	细粒砂岩	10.7	7.1	67.82	8.11	0.251	0.030	437
24	砂质泥岩	2.9	1.9	38.51	4.14	0.143	0.015	373
23	砾岩	5.1	3.4	42.30	3.92	0.157	0.015	455
22	砂质泥岩	6.9	4.6	41.35	5.81	0.153	0.022	373
21	粉砂岩	10.5	7.0	55.73	4.52	0.206	0.017	637
20	细粒砂岩	10.3	6.9	69.23	7.87	0.256	0.029	437
19	砾岩	4.6	3.1	44.61	4.23	0.165	0.016	455
18	细粒砂岩	10.7	7.1	68.64	7.93	0.254	0.029	437
17	粉砂岩	3.2	2.1	53.66	4.45	0.199	0.016	637
16	中粒砂岩	13.7	9.1	56.73	7.01	0.210	0.026	455
15	砾岩	12.0	8.0	43.23	4.34	0.160	0.016	455
14	粗粒砂岩	3.5	2.3	44.84	5.24	0.166	0.019	355
13	砾岩	12.9	8.6	46.42	4.34	0.172	0.016	455
12	细粒砂岩	14.8	9.9	70.21	8.20	0.260	0.030	437
11	粗粒砂岩	4.3	2.9	43.32	4.82	0.160	0.018	537

表 4-4(续)

序号	岩层名称	实际厚度/m	模拟厚度/cm	岩石强度/MPa		模型强度/MPa		模拟材料配比号
				单轴抗压强度	抗拉强度	单轴抗压强度	抗拉强度	
10	粉砂岩	2.4	1.6	49.37	4.25	0.183	0.016	637
9	山₄煤层	2.1	1.4	7.36	1.27	0.027	0.005	673
8	粉砂岩	5.3	3.5	51.21	4.97	0.190	0.018	637
7	细粒砂岩	2.1	1.4	63.52	7.81	0.235	0.029	437
6	中粒砂岩	7.7	5.1	55.35	6.14	0.205	0.023	455
5	K3砂岩	5.3	3.5	65.44	7.68	0.242	0.028	437
4	砂质泥岩	3.2	2.1	41.38	5.47	0.153	0.020	373
3	3-5煤层	15.3	10.2	15.94	1.45	0.059	0.005	673
2	砂质泥岩	8.2	5.5	42.72	5.73	0.158	0.021	373
1	细粒砂岩	26.3	17.5	68.23	6.94	0.253	0.026	437

目前相似材料模型成型方式有两种,即砌块模型和捣固模型,本模型采用捣固模型,因捣固模型具有完整性好、相似材料强度易于保持、位移和应力测量方便等特点。

首先,将模型最底部的两侧槽钢模板安装到位,并上紧固定螺丝。接着,按岩层柱状把计算好的各分层材料的质量称准,按配比混合均匀,加水后搅拌均匀,并迅速上模。然后,将上模的相似材料捣实抹平。如模拟层状岩层,应分层铺设,最小厚度为 1 cm,最大厚度为 3 cm,厚度过大模型会上密下松,一般为 2 cm。以此类推,随分层材料的加高相应地补加模板,分层间铺垫云母粉以模拟各岩层的界面。最后,待相似材料稍干后,拆模进行测点的布设工作。制作好的模型及监测点布置见图 4-10。

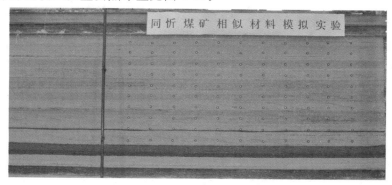

图 4-10　相似材料模型及监测点设置

4.3.6　实验结果分析

(1)覆岩运动与破坏特征描述

依据现场的开采速度及实验的时间相似比,经换算确定模型每次推进距离为 4.3 cm,每隔 2 h 推进一次,相当于现场 6.4 m/d 的开采速度。当工作面推进 26 m 时直接顶初次垮落(图 4-11),之后随工作面推进直接顶随采随垮(图 4-12 至图 4-14),由于直接顶强度低而且垮落空间大,直接顶岩层下落撞击底板导致岩石破碎;当工作面推进 130.5 m 时,基本顶初次垮落(图 4-15),垮落高度 21 m,垮落带与上覆岩层之间存在约 14.5 m 的自由空间,岩石碎胀系数为 1.0～1.1。基本顶垮落时具有突发性,有冲击现象。随工作面向前推进基本顶周期性折断形成周期来压,工作面推进 153 m 时,基本顶第一次周期来压,来压步距为 22.5 m;推进 180 m 时,基本顶第二次周期来压,来压步距为 27.0 m;推进 201 m 时基本顶第三次周期来压,来压步距为 21.0 m,第三次周期来压时覆岩破坏高度向上位岩层发展,达到了煤层顶板上方 75 m 处,垮落带的上边界与上覆岩层之间最大自由空间高度为 13 m;推进 270 m 时,工作面第五次周期来压,工作面垮落带影响范围至顶板上方 165 m 处,而且垮落带的上边界与上覆岩层之间仍存在 6～7 m 的自由空间,随工作面向前推进,自由空间的面积越来越大,这会造成上覆岩层弯曲开裂甚至是垮落(图 4-16 至图 4-19)。第五次周期来压后,垮落带区域与原岩体完全分离,断裂线清晰,随工作面的推进,覆岩的运动与破坏以及工作面的来压将重复上面的过程(图 4-20 至图 4-25),并呈现一定的来压规律,工作面每隔

图 4-11　工作面推进 26 m 时直接顶初次垮落

图 4-12　工作面推进 45 m 时覆岩垮落形态

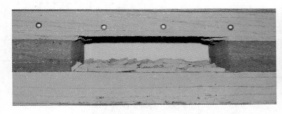

图 4-13　工作面推进 75 m 时覆岩垮落形态

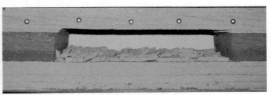

图 4-14　工作面推进 105 m 时覆岩垮落形态

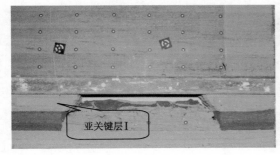

图 4-15　工作面推进 130.5 m 时基本顶
初次垮落

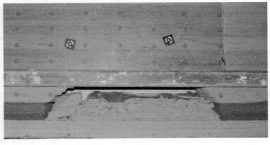

图 4-16　工作面推进 153 m 时基本顶
第一次周期来压

图 4-17　工作面推进 180 m 时基本顶
第二次周期来压

图 4-18　工作面推进 201 m 时基本顶
第三次周期来压

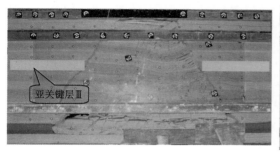

图 4-19　工作面推进 270 m 时基本顶
第五次周期来压

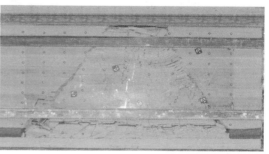

图 4-20　工作面推进 300 m 时基本顶
第六次周期来压

图 4-21　工作面推进 324 m 时基本顶
第七次周期来压

图 4-22　工作面推进 351 m 时基本顶
第八次周期来压

图 4-23　工作面推进 373.5 m 时基本顶
第九次周期来压

图 4-24　工作面推进 399 m 时基本顶
第十次周期来压

几次由亚关键层Ⅰ断裂引起的周期"小压"后便会出现一次由上位关键层破断形成的周期"大压",由模拟实验得到周期"小压"步距为 21～30 m,周期大压步距为 79～81 m。周期"大压"时,覆岩纵向破坏高度大,岩层中裂隙与离层发育,而且垮落带区域与工作面前方的原岩体形成分离裂缝(图 4-25),成为导水、导气的通道。

岩层最终垮落形态见图 4-26,垮落形态近似呈梯形,工作面前后方的岩层垮落角基本对称,为 57°～58°。

图 4-25 工作面推进 430 m 时基本顶
第十一次周期来压

图 4-26 模型最终形态

(2)覆岩位移监测分析

按照设计方案,在模型上设置好位移监测点。在开挖前后,利用专业相机沿各角度拍摄单色照片(图 4-27 和图 4-28);利用 XJTUDP 三维光学摄影测量系统对照片进行处理,识别位移监测点(图 4-29 和图 4-30)。每步开挖后均进行拍摄,利用三维光学摄影测量系统进行数据处理,对比各阶段与原始状态的差别,进而计算出整个模型上所有监测点的位移,生成位移云图(图 4-31)。该系统节省了大量人工测量的烦琐工作,提高了测量精度。

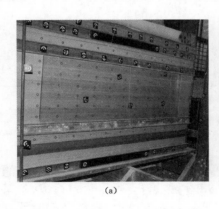
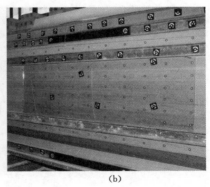

(a)   (b)

图 4-27 开挖前状态

根据位移监测点记录的数据生成工作面上方不同高度岩层的位移曲线,如图 4-32 所示(工作面推进距离为 300 m 时)。由图 4-32 可以看出,随着远离工作面,岩层的下沉量逐步减小,但减小幅度较小;相同高度的岩层在工作面推进范围内下沉量有差异,靠近开切眼侧的岩层较为破碎,下沉量大。

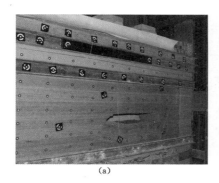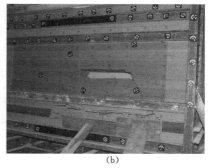

图 4-28　开挖后状态

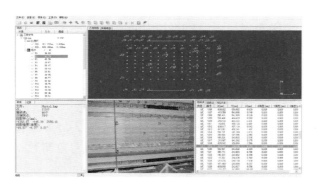

图 4-29　采前位移监测点识别

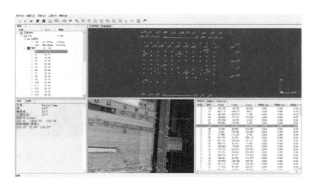

图 4-30　采后位移监测点识别

图 4-31　位移计算云图

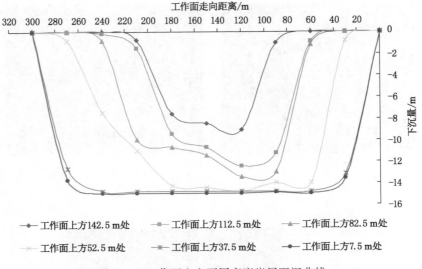

图 4-32　工作面上方不同高度岩层下沉曲线

（3）工作面前方支承压力分布规律分析

在模型中埋设 BW-5 型微型压力盒（图 4-33），利用 YJZ-32A 型智能数字应变仪实施应力实时监测（图 4-34），实时监测曲线如图 4-35 所示。通过对监测数据进行筛选、整理，得到采煤工作面煤层中各个压力测点的应力集中系数，如表 4-5 所示。

图 4-33　模型中应力监测点

图 4-34　应力监测系统

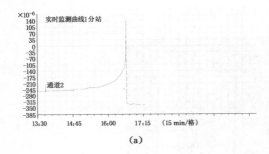

(a)

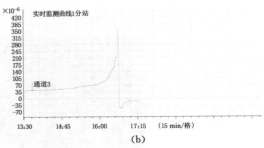

(b)

图 4-35　实时监测曲线

表 4-5   工作面前方煤层中支承压力分布

测点编号	应力影响区范围/m	应力峰值位置距煤壁的距离/m	应力峰值位置的应力集中系数
1# 测点	58~61	11.2	2.12
2# 测点	60~63	12.6	1.88
3# 测点	61~65	11.8	2.08
4# 测点	57~60	12.3	1.98
5# 测点	63~65	12.0	2.26
6# 测点	59~60	11.5	1.89

由表 4-5 统计的结果可以得到,随着工作面推进,煤层中支承压力是动态变化的,受采动影响煤壁前方形成了随工作面推进而不断前移的超前支承压力,其影响范围可分为三个区域:① 未受采动影响区,工作面前方 65 m 以外,此区受采动影响较小,处于原岩应力状态;② 采动影响区,位于工作面前方 57~65 m 范围内,随工作面推进,应力集中系数变化幅度较大;③ 采动影响剧烈区,位于工作面前方 11.2~12.6 m 处,即支承压力峰值区,应力集中系数为 1.88~2.26,此区受采动影响剧烈。

4.3.7   相似材料模拟实验总结

通过相似材料模拟实验模拟开挖过程中覆岩运动与破坏特征及岩层位移与应力的变化情况,对同忻煤矿"双系两硬"条件下综放开采有如下认识:

(1) 由于顶板坚硬,基本顶初次来压步距较大,加之采厚大,基本顶整体垮落时具有冲击性,垮落的岩块破碎(图 4-36),没有形成相互铰接的结构,岩石碎胀系数小,采空区上部自由空间较大。

图 4-36   垮落破碎岩石

(2) 随着开采范围的增大,上覆岩层中的关键层依次破坏,初次来压时为亚关键层Ⅰ的破断,第三次周期来压时垮落带范围的扩大为亚关键层Ⅱ的破断所导致的,第五次周期来压时垮落带范围的扩大为亚关键层Ⅲ的破断所导致的,关键层的破断影响着上覆岩层的破坏规律(图 4-37 至图 4-39)。当覆岩充分垮落后,随工作面的推进,纵向小范围内由关键层控制的周期"小压"反复发生;当采空区形成的自由空间足够大时,纵向大结构岩体整体垮落,形成了周期"大压"。周期"小压"与周期"大压"循环反复发生构成了"双系两硬"工作面矿压显现的典型特点。

(3) 在工作面纵向小范围内"砌体梁"结构以回转变形的模式失稳,工作面覆岩没有形

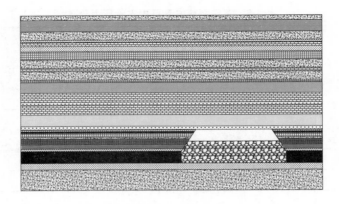

图 4-37　基本顶初次来压亚关键层Ⅰ破断(蓝色层位)

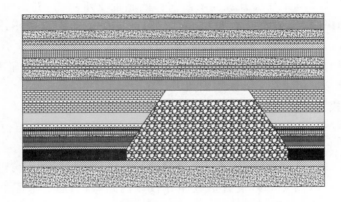

图 4-38　基本顶第三次周期来压亚关键层Ⅱ破断(黄色层位)

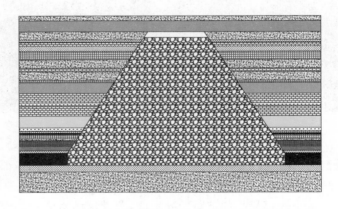

图 4-39　基本顶第五次周期来压亚关键层Ⅲ破断(绿色层位)

成稳定的结构(图 4-40),导致岩层破坏随工作面推进逐步向上发展。

　　(4)综放开采引起覆岩运动与破坏以及采动裂隙的分布范围较大(图 4-41),容易造成双系煤层开采形成的采空区通过采动裂隙相互贯通。模拟结果表明,覆岩结构关键层的断裂、软弱岩层的缺失、纵向大结构的破坏使覆岩中很难形成隔水、隔气关键层。

图 4-40 岩块发生回转变形失稳

图 4-41 采动裂隙

4.4 综放开采矿压显现规律数值模拟研究

4.4.1 模拟研究内容

为了研究和掌握"两硬"综放工作面矿压显现规律,除进行现场矿压监测外,运用合理的数值模拟计算方法进行分析和计算也是很有必要的,因为数值模拟计算可以对掘进和开采时的矿压显现进行预测。本书研究中采用 FLAC³ᴰ 软件对同忻煤矿"两硬"综放工作面进行计算,研究分析"两硬"综放工作面顶底板应力、工作面前后及侧向支承压力分布规律。

FLAC³ᴰ 是由美国依泰斯卡咨询集团公司(Itasca Consulting Group Inc.)开发的三维有限差分计算程序。FLAC³ᴰ 主要适用于模拟计算地质材料和岩土工程的力学行为,特别是材料达到屈服极限后产生的塑性流动。它可计算地质类材料的高度非线性(包括应变硬化/软化)、不可逆剪切破坏和压密、黏弹(蠕变)、孔隙介质的应力-渗流耦合、热-力耦合以及动力学行为等。材料通过单元和区域表示,根据计算对象的形状构建相应的网格,每个单元在外载和边界约束条件下,按照约定的线性或非线性应力-应变关系产生力学响应。

根据现场实际情况及考虑模型的边界效应,确定工作面推进模型尺寸为长×宽×高 = 399 m×300 m×90 m,共建立 660 157 个单元,695 656 个节点。模型见图 4-42。模型的各岩层建立参照 1508 钻孔资料(表 4-6),建模范围至 3-5 煤层上方 60 m 内岩层。因软件对计算单元数量的限制,为了最大限度地提高计算精度,本研究中对计算模型采用不等分划分单元。模型侧面限制水平移动,并施加随深度变化的水平压应力,模型的底面限制水平移动和垂直移动,模型的上部施加上覆岩层的自重应力。研究范围内的岩层采用莫尔-库仑模型。

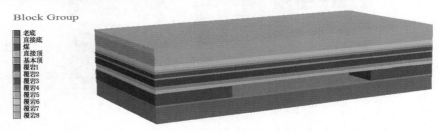

图 4-42　工作面推进模型

表 4-6　数值分析模型参数(1508 钻孔资料)

岩层名称	密度 /(kg/m³)	体积模量 /GPa	剪切模量 /GPa	内摩擦角 /(°)	内聚力 /MPa	抗拉强度 /MPa
覆岩 8	2.48	2.13	1.20	47	0.51	0.24
覆岩 7	2.54	3.46	1.71	53	0.82	0.40
覆岩 6	2.48	2.13	1.20	47	0.51	0.24
覆岩 5	2.48	2.13	1.20	47	0.51	0.24
覆岩 4	2.48	2.13	1.20	47	0.51	0.24
覆岩 3	2.54	3.46	1.71	53	0.82	0.40
覆岩 2	2.58	2.83	1.31	46	0.56	0.27
覆岩 1	2.48	2.13	1.20	47	0.51	0.24
基本顶	2.54	3.46	1.71	53	0.82	0.40
直接顶	2.58	2.83	1.31	46	0.56	0.27
3-5 煤层	1.35	1.43	0.44	45	0.2	0.14
直接底	2.58	2.83	1.31	46	0.56	0.27
老底	2.54	3.46	1.71	53	0.82	0.40

4.4.2　模拟结果分析

工作面推进 20 m、40 m、60 m、80 m、100 m 时,工作面走向垂直应力分布情况见图 4-43 至图 4-47。由图可知,工作面前后端部形成了应力集中区域,顶底板形成了拱状卸压带。随着工作面的推进,在工作面前后端部距离煤壁 10~12 m 处形成规则的"卩"状应力升高区,应力最大约 30~31 MPa。当工作面推进距离大于 40 m 时,工作面前后端部形成的应力集中区域范围逐渐向上发展、扩大,与工作面形成的应力降低区域形成了明显的分界面(图 4-45 至图 4-47),此现象说明,随着工作面的推进,基本顶悬梁长度逐渐增加,悬梁开始弯曲下沉,在悬梁两端头发生了剪切拉张破坏,在此分界面处即将垮落的岩梁与周围原岩体形成了强烈的剪切拉伸应力。采空区上覆岩层呈梯形失稳垮落形态,从图中量测工作面上覆岩层走向垮落角为 58°,与相似材料模拟实验结果相吻合。随着工作面推进距离的增大,采空区顶板由原单峰的拱状卸压带逐渐发展成呈双峰的拱状卸压带,近似呈马鞍形,两峰之间形成平缓的应力恢复区,这是由于随着工作面基本顶岩层的弯曲下沉,上覆岩层也随之运动,并产生相互挤压,致使应力逐渐恢复。

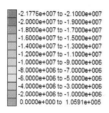

图 4-43　工作面推进 20 m 时走向垂直应力分布

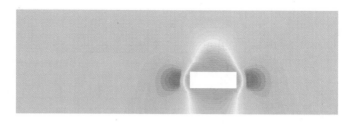

图 4-44　工作面推进 40 m 时走向垂直应力分布

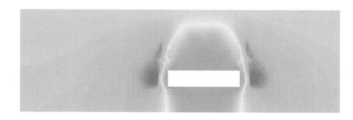

图 4-45　工作面推进 60 m 时走向垂直应力分布

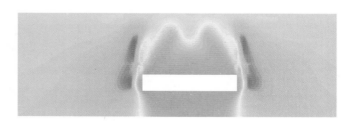

图 4-46　工作面推进 80 m 时走向垂直应力分布

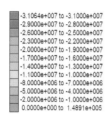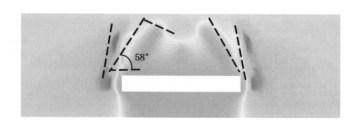

图 4-47　工作面推进 100 m 时走向垂直应力分布

　　由上面的数值模拟结果,将工作面顶板发生破断的形式简化成图 4-48 所示。工作面开采后,顶板在水平方向与垂直方向上都经历了动态变化的过程。在水平方向上,随着工作面的推进,工作面后方采空区的顶板经历了垮落、压实到逐渐稳定的过程;在垂直方向上,顶板依次分布着垮落带、裂缝带和弯曲下沉带,开采结束后,"三带"发育高度趋于稳定。在采空区的两端部形成了剪切滑移区,即形成顶板断裂线,由于上覆岩层的重力作用,在端部的实体煤中形成了应力升高区,成为影响区段煤柱稳定性的主要因素。

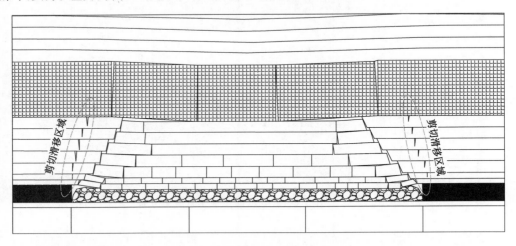

图 4-48　工作面顶板运动特征描述

　　图 4-49 至图 4-53 为工作面倾向垂直应力分布情况,应力分布形态与工作面走向应力分布类似。在工作面两端部形成应力集中区域,应力最大为 23 MPa,顶底板形成拱状卸压带,随工作面推进,顶板也由单峰卸压带发展成双峰卸压带,近似呈马鞍形,端部的应力升高区域随着上覆岩层破坏高度的增加逐渐向上部发展,其形成原因与走向模型中的相同。工作面上覆岩层倾向垮落角约为 53°。

图 4-49　工作面推进 20 m 时倾向垂直应力分布

图 4-50　工作面推进 40 m 时倾向垂直应力分布

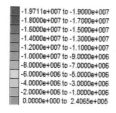

图 4-51　工作面推进 60 m 时倾向垂直应力分布

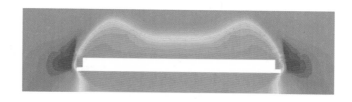

图 4-52　工作面推进 80 m 时倾向垂直应力分布

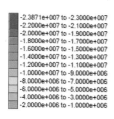
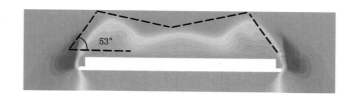

图 4-53　工作面推进 100 m 时倾向垂直应力分布

　　图 4-54 为不同推进距离时工作面超前支承压力分布曲线。由图 4-54 可以看出:工作面超前支承压力随工作面推进出现动态变化现象,支承压力存在着形成、发展到稳定的过程。工作面形成即产生超前支承压力,当工作面推进距离大于 60 m 后,支承压力峰值趋于稳定,为 30~31 MPa,应力集中系数为 2.14~2.21。工作面前方 0~9 m 为应力降低区,9~60 m 为应力升高区,60 m 以后为原岩应力区。根据工作面超前支护段距离判断准则,以显著影响范围的最大距离为准,此条件下 8100 巷超前支护距离应不小于 60 m。

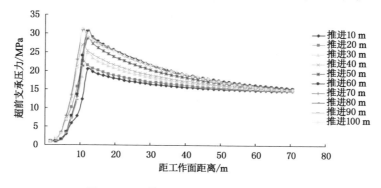

图 4-54　工作面超前支承压力分布曲线

采空区侧向支承压力分布见图 4-55。距采空区 0～5.5 m 为应力降低区;距采空区 5.5～50 m 为应力升高区,支承压力峰值位置位于距采空区边缘 11～15 m 的煤体中,峰值为 21.0～22.0 MPa,应力集中系数约为 1.6;距离采空区大于 50 m 后为原岩应力区。此结果可为区段煤柱合理尺寸的确定提供参考数据。

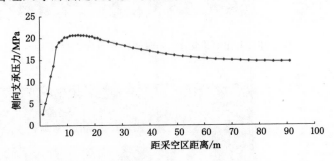

图 4-55 采空区侧向支承压力分布曲线

5 采动覆岩空间结构与破坏特征分析

5.1 同忻井田"双系两硬"煤层赋存特点

大同煤田为双系煤田,即侏罗纪煤系和石炭二叠纪煤系重叠赋存,总面积为 1 827 km²,储量为 375.8 亿 t。侏罗系煤炭储量为 67.5 亿 t,石炭二叠系煤炭储量为 308.3 亿 t。大同矿区侏罗纪煤层已充分开发,煤炭资源接近枯竭,为保证企业的可持续发展及生产合理接续,2006 年,塔山煤矿正式投产,成为大同矿区第一座开采石炭二叠系煤炭资源的现代化大型矿井,2009 年矿井达产,年产量 1 500 万 t。继塔山矿之后,2008 年同忻煤矿正式投产,成为大同矿区第二座开采石炭二叠纪煤层的矿井,设计年产量 1 200 万 t。塔山煤矿与同忻煤矿已成为同煤集团的主力生产矿井,两矿井的安全高效生产对保障集团公司及矿区经济建设持续快速健康发展具有重要意义。

侏罗纪煤层总厚度约为 24 m,分为 11 个煤组,可采煤层及局部可采煤层有 21 层。研究期间最下部的 11、12、14 和 15 煤层正在大规模开采,其余均已采完或开采已接近尾声。石炭二叠系共含煤 13 层,煤层总厚度为 35.42 m,其中山₄、2、3-5、8 煤层为可采煤层,3-5、8 煤层全区可采,山₄、2 煤层部分可采。3-5 煤层总厚度为 9.8～29.2 m,平均厚度为 18.4 m。

同忻井田范围内双系煤层重叠率近 100%,井田范围内对应的开采侏罗纪煤层的矿井由南到北依次有:同家梁煤矿、大斗沟煤矿、永定庄煤矿、煤峪口煤矿、忻州窑煤矿,具体位置见图 5-1。侏罗纪煤层赋存标高＋1 000～＋1 100 m,石炭二叠纪煤层赋存标高＋1 200～＋1 300 m,同忻煤矿目前开采 3-5 煤层,与 14 煤层采空区平均间距为 200 m,局部区域间距约为 130 m(8106 工作面处两系间距为 125～140 m),14 煤层为侏罗系最下层可采煤层,平均厚度为 4.3 m。双系煤层都存在"两硬"条件,即煤层与顶板都为坚硬煤岩体。3-5 煤层直接顶主要是高岭质泥岩、碳质泥岩、砂质泥岩,基本顶为厚层状中硬以上的中、粗粒石英砂岩、砂砾岩及砾岩,厚度为 20 m 左右;侏罗纪煤层开采后遗留的采空区、巷道、煤柱等在同忻井田内分布较为密集,局部区域可能会对石炭二叠纪煤层的开采造成影响。

大同"双系两硬"煤层在开采过程中都不同程度遇到了强矿压显现,甚至形成了动力灾害。以同忻井田范围内的侏罗系矿井为例,同家梁矿工作面冲击地压发生频繁,且多发生于工作面,严重时同一个工作面曾发生了 13 次冲击地压,工作面矿压显现剧烈;忻州窑矿煤层属中等以上冲击倾向煤层,是一个冲击地压灾害多发矿井,自 1981 年 10 月至 1994 年,忻州窑矿先后发生过 35 次冲击地压,破坏巷道 2 635 m,仅 2005 年前两季度,共发生冲击地压 22 次,破坏巷道 2 500 m 左右;煤峪口矿自 2002 年以来,冲击地压频繁发生,造成百余米巷道破坏,顶板下沉,底鼓严重,轨道严重扭曲、抬高将近接顶,支柱被冲倒折断,两侧煤帮被挤出,冲击地压发生前无任何征兆,发生时伴有强风流吹出。

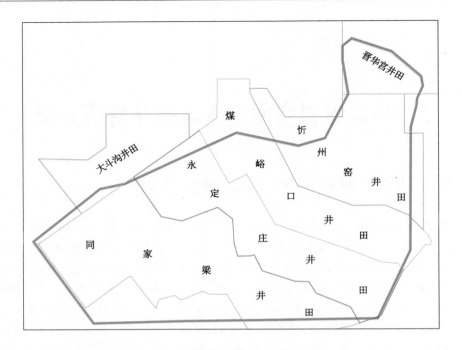

图 5-1　双系煤层井田平面分布图

　　开采石炭二叠纪煤层的塔山煤矿与同忻煤矿在开采过程中不同程度地遇到了强烈的矿压显现,如塔山矿出现过工作面支架压架事故,顶板来压具有冲击性,巷道围岩易失稳等。同忻煤矿 8100、8101 综放工作面已回采完毕,研究期间正在回采 8106 工作面。开采过程中顶板覆岩出现了纵向大结构的破坏与强矿压显现,在无开采扰动下回采巷道局部地段顶板下沉、底鼓、帮鼓现象明显,最大底鼓量达到 1.5 m,最大顶板下沉量达 0.5 m,最大帮鼓量达 0.8 m;工作面超前支承压力影响范围大,最大达 200 m;顶板垮落步距大,基本顶初次垮落步距约为 130 m,周期来压步距平均为 21 m;开采 8100 工作面时,在 2011 年 3 月 25 日至 4 月 7 日期间,工作面运输巷出现了四次突发性来压现象,巷道受到了严重破坏,顶板下沉、底鼓和帮鼓明显,锚杆锚索支护失效,超前支护立柱被压弯;8106 工作面矿压显现仍然明显,顶板不易垮落,悬顶面积大,来压时具有冲击性,回采巷道压力大、不易维护。其中最影响工作面安全生产的是采动裂隙与侏罗纪煤层采空区连通,导致侏罗纪煤层采空区内有毒有害气体涌入 8106 工作面,工作面停产进行有毒有害气体驱散,最终将抽出式通风改为压入式通风,工作面才得以继续开采。

　　通常情况下,综放工作面在顶煤"垫衬"的作用下,工作面来压强度缓和,周期来压不明显、来压步距小,应力集中系数不大,支承压力影响范围大但峰值较小。但从同忻煤矿开采过程中出现的顶板破坏规律与工作面矿压显现情况来看,其显然与普通综放工作面的顶板破坏与矿压显现规律存在差异。因此,在地质动力环境分析的基础上,结合同忻煤矿"双系两硬"的地质条件分析顶板运动与破坏规律,确定覆岩失稳模式,研究同忻井田"双系两硬"开采条件下的覆岩运动与矿压显现规律。

5.2 覆岩结构三维地质体模型建立

5.2.1 地质体模型建立的意义

以往物理勘探资料、钻孔资料、化验测试数据等多种类型的地质资料,以文档、表格、图纸独立形式的二维平面图形表示地质信息,在使用时难以构建出空间关联性,没有空间立体概念,不能形象地表达煤层及其他地质体的形态及空间位置[173],不便于矿井开采设计和煤(岩)层赋存状态分析。建立三维地质体模型并构建逼真的三维动态演示效果,相较传统的二维空间表示方法,可更加直观地体现地质体的复杂构造及分布规律,不仅能够完整地表达地质现象的几何外形,同时也能表达地质体内部的各种地质构造特性,实现煤矿地质的可视化,增加煤矿工作者对煤矿地质和走向等地下环境的了解,更利于采矿采掘,减少安全隐患[174]。在矿井开采设计及覆岩结构研究中,需要使用各地层的深度、构造、岩性等信息,而煤矿地质工作者往往不能给出完整的资料,在实际的工作中,只能根据有限的资料及一些理论和方法来描述整个地层的信息。本书通过研究并在计算机中根据这些信息生成三维地质体模型,以便于从宏观角度去了解区域煤层及其他地质体的结构形态和空间分布,为研究与分析覆岩结构特征与运动规律提供了直观、形象的三维模型。本书以 AutoCAD 为开发平台、VBA 为开发工具,开发三维地质体建模软件,以矿井钻孔数据为基础数据建立矿井三维地质体模型,自动生成地层剖面。双系煤层柱状图如图 5-2 所示。

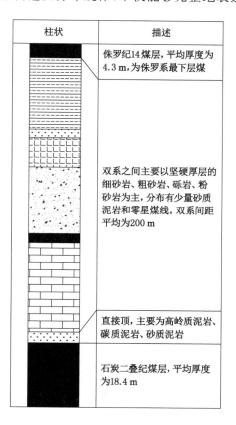

柱状	描述
	侏罗纪14煤层,平均厚度为4.3 m,为侏罗系最下层煤
	双系之间主要以坚硬厚层的细砂岩、粗砂岩、砾岩、粉砂岩为主,分布有少量砂质泥岩和零星煤线。双系间距平均为200 m
	直接顶,主要为高岭质泥岩、碳质泥岩、砂质泥岩
	石炭二叠纪煤层,平均厚度为18.4 m

图 5-2 双系煤层柱状图

5.2.2 地质体模型的构建方法

随着计算机科学的发展,三维地质建模的研究与开发已成为地质学、岩土工程、计算机科学等多学科交叉领域的研究热点。地质体模型构建方法的研究是目前 3D GIS 和 3D GM 领域的热点研究问题,国内外出现了很多不同的地质体建模方法,目前为止,可将地质体建模方法分为基于面模型、基于体模型和基于混合模型三大类[174],如表 5-1 所示。根据建模所采用的数据信息来源不同,又可分为基于地质平面图建立构造-地层格架,基于地质剖面图建立构造-地层格架及基于钻孔资料建立构造-地层格架[175]。这些方法都具有对地质体外形和内部属性建模的能力,但建模过程复杂,不具备快速建立三维地质体模型能力。

表 5-1　地质体建模方法

基于面模型 (Facial Model)	基于体模型(Volumetric Model)		混合(集成)模型
	规则体元	非规则体元	
不规则三角网(TIN)	结构实体几何(CSG)	四面体格网(TEN)	TIN-CSG 混合
格网(Grid)	体素(Voxel)	金字塔(Pyramid)	TIN-Octree 混合与集成
边界表示(B-Rep)	八叉树(Octree)	三棱柱(TP)	Wire-Frame Block 混合
线框模型 (Wire Frame) 断面模型(Section)	针体(Needle) 块段模型 (Regular Block)	地质细胞 (Geocellular) 非规则块体 (Irregular Block)	Octree-TEN 混合 矢栅集成面向对象
		实体(Solid)	多个矢栅集成
		3D Voronoi 图	TIN-TEN 混合
		广义三棱柱	
		面向对象体元拓扑模型	

　　地质体是三维空间结构,因此要想实现深部可视化,必须利用相关理论及软件进行三维地质体建模和分析[176]。本书采用不规则三角网(TIN)构建面模型,根据面模型采用类三棱柱(ATP)法构建体模型。类三棱柱法根据煤(岩)层顶板 TIN 面和底板 TIN 面来表达不同的煤(岩)层面,利用侧面的空间四边形来描述层面间的空间关系。

5.2.3　空间插值原理

　　对于地层的形态、结构、岩性的了解是通过地质钻探实现的,其数据主要来源于钻孔数据。实际现场钻孔数据有限,且分布不均,无法形成高密度的 TIN 模型,为保证生成的地层连续、光滑,更加接近现实情况,需要在现有数据的基础上进行空间插值,目前插值的算法有很多,主要有:距离幂次反比法、多面函数法、加权最小二乘法、双线性内插法和趋势面内插法。通过比较分析,本书采用距离幂次反比法进行数据插值。距离幂次反比法的原理是:在进行插值点取值时按照距离越近权值越大的原则,用若干邻近点的线性加权来拟合插值点的值[177]。其计算公式为:

$$Z(x) = \frac{\sum_{i=1}^{n}\left[\dfrac{1}{D_i^w}Z(x_i)\right]}{\sum_{i=1}^{n}\dfrac{1}{D_i^w}} \tag{5-1}$$

式中　$Z(x)$——插值点的值;

　　　D_i——插值点与样本点的距离;

　　　$Z(x_i)$——样本点的值;

　　　w——幂次。

　　本书通过 8 个样本点来拟合插值点的值,为了考虑样本点方向性对插值点的影响,采用八分圆内插法,如图 5-3 所示。具体做法为以插值点为圆心,初始值 R 为半径,搜索样本点,如果①到⑧上每个方向都有样本点,则停止搜索;如果有的方向上没有样本点,则扩大搜索

半径 R 继续搜索,直到搜到或到达边界,在每个方向上取最近的样本点参与估值。

通过取不同的幂次,利用已知样本点周围的样本点对样本进行估值,确定最佳幂次,目前在地质体建模中,幂次 w 取 $1.6 \sim 1.8$ 比较适合。

5.2.4 TIN 面模型的建立

建立不规则三角网(TIN)的方法有很多,各种三角划分方法都有一定的理论基础,但 Delaunay 三角划分方法构建的三角网在地形拟合方面表现最为出色,常用于不规则三角网的生成[10]。有公共边的多边形称为相邻的 Voronoi 多边形,连接所有相邻的 Voronoi 多边形的生长中心便形成了 Delaunay 三角网。Delaunay 三角网的外边界是一个凸多边形(称为凸壳或凸包),它由连接 Voronoi 图中的凸集形成,Delaunay 三角网具有空外接圆与最大最小角度两个非常重要的性质,保证了其生成的三角网是最接近等角或等边的三角网。

Delaunay 三角网是一种非常重要的 TIN 表示方法,目前国内外已经出现了很多种构建方法,且都已趋于成熟。根据构建三角网的步骤,可以将三角网生成算法分为三类:分割-归并法(分治算法)、三角网生长法、逐点插入法。其中分治算法从时间复杂度方面来看是最好的,但是由于递归执行,需要较大的内存空间。三角网生长法的时间效率低,优点是占用内存空间较小。而逐点插入法思路比较简单,占用内存空间较小,空间性能较好,但时间效率也比较低,没有考虑约束条件的控制作用。为了使构建的 TIN 能最大限度反映实际情况,应将边界线(井田边界线、断层线等)作为约束线加入 TIN 中,也就是要构建约束 Delaunay 三角网。约束 Delaunay 三角网是标准 Delaunay 三角网的扩充,它是将组成约束边界线的约束线段作为边来构建 Delaunay 三角网的,通过对地层面模型插值,就可以生成 TIN 面模型,如图 5-4 所示。

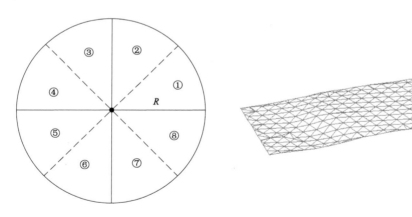

图 5-3 八分圆内插法   图 5-4 TIN 面模型

5.2.5 地质体模型及地质剖面的生成

(1) 地质体模型建立

实体模型是根据 TIN 面模型采用类三棱柱(ATP)法来构建的,具体的做法是:

① 构建煤(岩)层的顶底板 TIN 面模型,通过 AutoCAD 提供的面域拉伸方法,将顶底板 TIN 同时拉伸到一定的标高,得到顶底板拉伸实体。

② 利用 AutoCAD 提供的布尔减运算,将顶底板拉伸实体相减,即可生成类三棱柱模

型,生成煤(岩)层实体。依次循环累加,即形成地质体模型。

③ 为了能形象地表示地层的形态和结构,增加立体感,可以采用 AutoCAD 体着色、渲染等功能显示煤(岩)层的形态和结构。

(2) 地质剖面图生成

地质剖面图能够直观地反映地层结构和岩体属性特征,是地层在垂向上最直观最有效的表达方式,通过对三维地质体进行剖切来生成剖面图,具体的做法是:

① 在生成的三维地质体的任意位置画一条剖面线,利用 VBA 提供的 Section Solid(Point 1、Point 2、Point 3)方法来生成截面,其中 Point 1,Point 3 表示剖面线的起点和终点,Point 2 是截面的任意一点,在具体使用时可取剖面线的中点赋予一定的标高来确定。

② 利用 VBA 提供的 Explode 方法来分解生成的截面,得到一系列多段线,将这些多段线首尾连接,即可得到每层实体的剖面。

③ 进行坐标转换,将三维地质体的剖面转换成二维平面图,进行填充、着色,即可得到任意位置的地质剖面图。

5.2.6 研究区域三维地质体模型建立

由于整个矿井的三维地质模型数据处理工作量大,本书只对重点研究区域进行了三维地质体建模,用以观察覆岩赋存特点及结构特征,研究区域覆盖 8100 与 8101 工作面范围。具体生成步骤:首先将数据库中的钻孔信息导入程序中,结合井田边界,生成钻孔分布图;确定研究区域(图 5-5),根据研究区域已有的钻孔数据进行距离幂次反比法插值,生成 TIN 面模型,按照 5.2.5 小节所述的具体做法建立三维地质体模型(图 5-6),根据需要沿任意位置画剖面线,生成地质剖面图(图 5-7)。

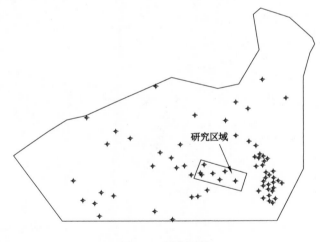

图 5-5　研究区域

5.2.7 同忻井田覆岩结构特征

(1) 双系间覆岩层状分布,起伏变化小,赋存稳定。双系间分布着细粒砂岩、中粒砂岩、细粒砂岩、粉砂岩、砾岩、砂质泥岩、煤层,其中砂岩类岩层占 90%～95%,泥岩及煤层占 5%～10%,岩层以厚而坚硬岩石为主,软弱层缺失。

(2) 双系间坚硬岩层居多,易形成复合关键层,导致岩层的破断步距增大,相邻岩层一

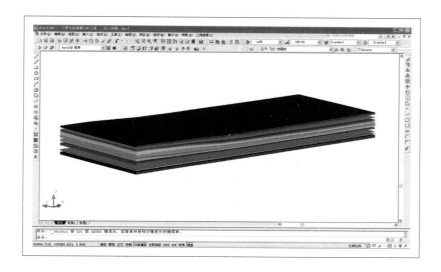

图 5-6 研究区域地质体模型

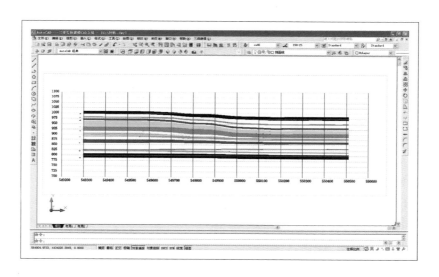

图 5-7 研究区域地质剖面图

次破断厚度增加,垮落时具有冲击性。而且由于软弱层的缺失,当坚硬岩层破断后,采动裂隙空间不能及时得到软弱层的充填密实,不利于形成隔水、隔气关键层,采动裂隙成为导水、导气的通道。

(3)坚硬厚层砂岩顶板容易聚积大量的弹性能。在坚硬、厚层顶板破断或者滑移过程中,聚集的弹性能会突然释放,形成强烈的震动。"两硬"条件下的煤岩组合模型的冲击能量指数和弹性能量指数较大,其冲击倾向性较强,为强矿压显现创造了条件。

(4)坚硬岩层相继垮落时,由于缺少软弱层的"垫层"缓冲作用,加之坚硬岩层传力效果好,岩层之间的作用力容易传递至工作面及回采巷道中而引起强烈的矿压显现。

5.3 坚硬厚层顶板覆岩运动与破坏规律

5.3.1 概述

煤层开采以后,随着采空区的不断扩大,采场上覆岩层原始的平衡状态被打破,导致岩层中应力重新分布,这种应力调整随工作面的不断推进而循环进行。当岩层中的应力达到岩层本身的强度极限时,岩层便破断为一些块体。岩层破断成块体后,相互之间的接触方式的不同,形成承载结构的差异,导致它们对力的传递规律、整个采场上覆岩层的移动规律以及工作面矿山压力的显现规律都会有不同程度的影响。采动覆岩的运动与破坏致使在工作面前方形成了支承压力,弱化了煤体强度,在煤壁一定深度范围内形成了塑性区,最终导致工作面煤壁片帮;工作面两侧形成的支承压力影响煤柱的稳定性,是确定煤柱尺寸、进行巷道支护设计的主要依据;工作面支架的设计与选型应与顶板垮落过程中产生的力学效应相适应。可见,开采过程中顶板的垮落特征及由此引起的力学特征是采场围岩控制的基础。

由同忻井田地质动力环境分析可知,井田内的岩体赋存状态受口泉断裂运动的影响明显,口泉断裂的挤压升降,使井田内的岩体纵向裂隙发育,岩体易在纵向上发生大结构的失稳,相似材料模拟结果证明了该结论。当工作面推进一定距离后,上覆岩层充分垮落,工作面再继续推进时,每隔一定距离覆岩就会发生一次纵向大结构的破坏,破坏高度直至侏罗纪煤层采空区。而在纵向大结构失稳之前,工作面在推进过程中发生砌体梁的失稳,关键层对覆岩的运动具有一定的控制作用。基于此发现,提出同忻煤矿综放工作面覆岩失稳模式为:覆岩未充分垮落前,关键层对岩层运动及矿压显现具有控制作用;覆岩充分垮落后,随工作面推进在覆岩一定高度范围内,岩层发生砌体梁的回转变形失稳,形成周期"小压",当达到一定距离后,覆岩发生纵向大结构的面接触式破坏,形成周期"大压",现场观测工作面来压呈现强弱周期的现象验证了该结论,而且纵向大结构破坏形成的裂隙足以将双系煤层的采空区连通,8106综放工作面就出现了此种情况。基于同忻井田地质动力环境分析、相似材料模拟结果,在研究同忻煤矿"双系两硬"开采条件下覆岩运动与破坏规律及矿压显现规律时综合运用砌体梁理论与面接触块体稳定理论。

砌体梁理论认为岩层垮落时岩石块体间以点的形式接触,其失稳模式有剪切滑落失稳和回转变形失稳。点接触组成的结构所遵循的力学规律以及该结构对采场矿压的影响在砌体梁理论中已有详尽阐述。断裂岩块即使以点的形式相接触,一旦接触点的应力达到岩石的强度,随着接触点的破坏,接触方式也会由点接触转为面接触。所以,从面接触的角度去研究采场上覆岩层结构,可以看作采场"砌体梁"结构理论的进一步深入。

5.3.2 "砌体梁"失稳模式分析

采场基本顶断裂为岩块后,形成的暂时稳定结构终会失稳,其失稳模式根据"砌体梁"理论可分为滑落失稳和回转失稳。侯忠杰等在纠正以往研究中滑落失稳和回转失稳判断曲线的基础上,提出了更为合理的基本顶岩块失稳判别公式及判断曲线[178]:

$$i \leqslant \frac{1}{2}\sqrt{\frac{(2\tan\varphi + 3\sin\alpha)^2}{n\eta} + \sin^2\alpha} + \sin\alpha \tag{5-2}$$

式中　　i——块度,即岩层厚度(h)与破断距(l)的比值,$i = h/l$;

　　　　$\tan\varphi$——岩块间的摩擦系数,一般可取 0.3;

  α——岩块回转角,(°);

  n——基本顶抗压强度 σ_c 与抗拉强度 σ_t 的比值;

  η——岩块端角挤压系数,一般可取 0.3。

  该判别式的意义为:满足式(5-2)表示岩块结构发生回转失稳,不满足则表示岩块结构发生滑落失稳。

  根据同忻煤矿 8100 综放面开采实际及采空区冒落岩石情况,确定基本顶断裂岩块块度 $i = 0.25$,岩块回转角 $\alpha = 4°$,基本顶岩石抗压强度 $\sigma_c = 65.38$ MPa,抗拉强度 $\sigma_t = 3.95$ MPa,则 $n = 16.6$,将各参数代入式(5-2),得到 $i \leqslant \dfrac{1}{2}\sqrt{\dfrac{(2\tan\varphi + 3\sin\alpha)^2}{n\eta} + \sin^2\alpha} + \sin\alpha = 0.52$,即判断 8100 工作面基本顶岩块将发生回转失稳。

5.3.3 面接触块体结构与受力分析

  对于同忻煤矿纵向大结构面接触失稳模式,基于相关研究成果[31],建立面接触块体结构模型如图 5-8 所示。对该结构中各块体的力学、几何参数定义如下:

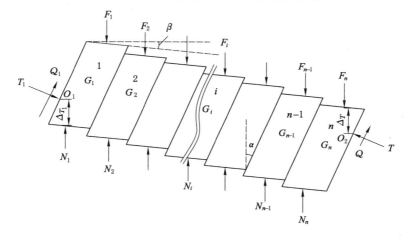

图 5-8　面接触块体结构模型

  (1) 块体 $i(i = 1,2,\cdots,n)$ 所受重力为 G_i;所受上位岩层传递下来的作用力的集度为 q_i,形成合力 F_i;所受下位岩层支撑作用力的集度为 p_i,形成合力 N_i。

  (2) 作用于块体 1 左侧面的法向和切向合力分别为 T_1 和 Q_1,法向力作用中心的位置(前拱脚)O_1 与块体 1 底部边界在块体高度方向的距离为 Δ_{T_1};作用在块体 n 右侧面的法向和切向合力分别为 T 和 Q,法向力作用中心的位置(后拱脚)O_2 与块体 n 顶部边界在块体高度方向的距离为 Δ_T。

  (3) 块体 $i(i = 1,2,\cdots,n)$ 的长度为 L_i,高度为 h;各个块体破断面与竖直方向的夹角为 α(定义为破断面偏斜角),即各个块体的破断角为 $90° - \alpha$;为研究方便,取块体的厚度为单位厚度。

  (4) 面接触块体结构整体偏离水平方向的角度为 β(定义为结构整体偏转角);两相邻块体 $i+1$ 与 $i(i = 1,2,\cdots,n-1)$ 在高度方向的相对位移量为 Δ_i。

  在面接触结构模型中,块体 1—块体 n 靠面接触时的摩擦作用形成一个整体,由受力平衡可得：

$$T_1 = T - \sum_{i=1}^{n} (F_i - N_i + G_i)\sin(\alpha + \beta) \qquad (5\text{-}3)$$

$$Q_1 = -Q - \sum_{i=1}^{n} (N_i - F_i - G_i)\cos(\alpha + \beta) \qquad (5\text{-}4)$$

其中，$\quad F_i = \int_0^{L_i} q_i \mathrm{d}x \ (i = 1, 2, 3, \cdots, n) ; N_i = \int_0^{L_i} p_i \mathrm{d}x \ (i = 1, 2, 3, \cdots, n)$

各力对前拱脚 O_1 的合力矩为：

$$M_G + M_q - M_p - T\left[\frac{h - \Delta_{T_1} - \sum_{i=1}^{n-1}\Delta_i - \Delta_T}{\cos\alpha} + \sum_{i=1}^{n}L_i\sin\alpha\right] - Q\sum_{i=1}^{n}L_i\cos\alpha = 0 \quad (5\text{-}5)$$

式中，M_G, M_q, M_p 分别是 $G_i, q_i, p_i (i = i_0 + 1, i_0 + 2, \cdots, n)$ 对前拱脚 O_1 的合力矩，则有：

$$M_G = \sum_{i=1}^{n} G_i \left[\frac{L_i}{2} + \left(\frac{h}{2} - \Delta_{T_1}\right)(\tan\alpha + \tan\beta)\right]\cos\beta +$$
$$\sum_{i=2}^{n} G_i \sum_{i=1}^{i-1} \left[L_j - \Delta_j(\tan\alpha + \tan\beta)\right]\cos\beta \qquad (5\text{-}6)$$

$$M_q = \sum_{i=1}^{n} \left[\frac{1}{2}q_i L_i^2 + q_i L_i (h - \Delta_{T_1})(\tan\alpha + \tan\beta)\right]\cos\beta +$$
$$\sum_{i=2}^{n} q_i L_i \sum_{j=1}^{i-1} \left[L_j - \Delta_j(\tan\alpha + \tan\beta)\right]\cos\beta \qquad (5\text{-}7)$$

$$M_p = \sum_{i=1}^{n} \left[\frac{1}{2}p_i L_i^2 - p_i L_i \Delta_{T_1}(\tan\alpha + \tan\beta)\right]\cos\beta -$$
$$\sum_{i=2}^{n} p_i L_i \sum_{j=1}^{i-1} \left[L_j - \Delta_j(\tan\alpha + \tan\beta)\right]\cos\beta \qquad (5\text{-}8)$$

图 5-8 所示模型为一个一次超静定结构，为求出结构两端所受的挤压力和剪切支撑力，需要通过力学简化，获得一个补充方程。

显然，若假定平行块体破断面的截面上切向力的正向为向上，则结构中该种切向力沿自左向右方向的分布如图 5-9 所示。可见，在结构中的某个截面上，切向力为零。定义切向力为零且与块体破断面平行的截面为中性面，则中性面距左拱脚所在平面的距离 S 可表示为：

$$S = \sum_{i=1}^{i_0} L_i - a L_{i_0} \qquad (5\text{-}9)$$

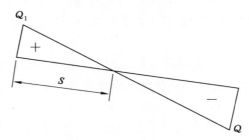

图 5-9　面接触块体结构中平行于破断面方向的切向力分布图

式中，i_0 为整数，且 $2 \leqslant i_0 \leqslant n-1$；$0 \leqslant a < 1$。如果 $a = 0$ 则中性面恰为第 i_0 块体的右侧面；否则，中性面落在 i_0 块体的内部。可以证明，在结构所有的块体中，只有 i_0 块体左侧或右侧接触面上的挤压力作用中心距离块体自身顶部边界距离最近（当中性面落在 i_0 块体内部时），因此，这两个面中总有一个接触面的挤压力作用中心最容易成为中性面两侧块体的转动中心。不妨把第 i_0 块体右侧面的挤压力作用中心看作这个转动中心。

设第 i_0 块体右侧面法向力作用中心 O_3 距底边的距离为 H_{i_0}，忽略该面法向力对 O_3 的力矩，则有：

$$M_{G'} + M_{q'} - M_{p'} - T\left[\frac{h - H_{i_0} - \sum_{i=i_0}^{n-1}\Delta_j - \Delta_T}{\cos\alpha} + \sum_{i=i_0+1}^{n}L_i\sin\alpha\right] - Q\sum_{i=i_0+1}^{n}L_i\cos\alpha = 0$$

(5-10)

式中，$M_{G'}$，$M_{q'}$ 和 $M_{p'}$ 分别是 G_i，q_i，$p_i(i = i_0+1, i_0+2, \cdots, n)$ 对第 i_0 块体右侧面法向力作用中心 O_3 的合力矩。

$$M_{G'} = \sum_{i=i_0+1}^{n}G_i\left[\frac{L_i}{2} + \left(\frac{h}{2} - H_{i_0} - \Delta_{i_0}\right)(\tan\alpha + \tan\beta)\right]\cos\beta +$$
$$\sum_{i=i_0+2}^{n}G_i\sum_{j=i_0+1}^{i-1}\left[L_j - \Delta_j(\tan\alpha + \tan\beta)\right]\cos\beta$$

(5-11)

$$M_{q'} = \sum_{i=i_0+1}^{n}\left[\frac{1}{2}q_iL_i^2 + q_iL_i(h - H_{i_0} - \Delta_{i_0})(\tan\alpha + \tan\beta)\right]\cos\beta +$$
$$\sum_{i=i_0+2}^{n}q_iL_i\sum_{j=i_0+1}^{i-1}\left[L_j - \Delta_j(\tan\alpha + \tan\beta)\right]\cos\beta$$

(5-12)

$$M_{p'} = \sum_{i=i_0+1}^{n}\left[\frac{1}{2}p_iL_i^2 - p_iL_iH_{i_0}(\tan\alpha + \tan\beta)\right]\cos\beta -$$
$$\sum_{i=i_0+2}^{n}p_iL_i\sum_{j=i_0+1}^{i-1}\left[L_j - \Delta_j(\tan\alpha + \tan\beta)\right]\cos\beta$$

(5-13)

联立式(5-3)至式(5-5)和式(5-10)可以求出：

$$\begin{cases} T = \dfrac{m_2M_2 - m_4M_1}{m_2m_3 - m_1m_4} \\[3mm] Q = \dfrac{m_3M_1 - m_1M_2}{m_2m_3 - m_1m_4} \end{cases}$$

(5-14)

$$\begin{cases} T_1 = \dfrac{m_2M_2 - m_4M_1}{m_2m_3 - m_1m_4} - \sum_{i=1}^{n}(F_i - N_i + G_i)\sin(\alpha + \beta) \\[3mm] Q_1 = \dfrac{m_3M_1 - m_1M_2}{m_2m_3 - m_1m_4} + \sum_{i=1}^{n}(F_i - N_i + G_i)\sin(\alpha + \beta) \end{cases}$$

(5-15)

式中：
$$M_1 = M_{G'} + M_{q'} - M_{p'}$$

(5-16)

$$M_2 = M_G + M_q - M_p$$

(5-17)

$$m_1 = \frac{h - H_{i_0} - \sum_{j=i_0}^{n-1}\Delta_j - \Delta_T}{\cos\alpha} + \sum_{i=j_0+1}^{n}L_i\sin\alpha$$

(5-18)

$$m_2 = \sum_{i=i_0+1}^{n} L_i \cos \alpha \qquad (5-19)$$

$$m_3 = \frac{h - \Delta_{T_1} - \sum_{j=1}^{n-1} \Delta_j - \Delta_T}{\cos \alpha} + \sum_{i=j_0+1}^{n} L_i \sin \alpha \qquad (5-20)$$

$$m_4 = \sum_{i=1}^{n} L_i \cos \alpha \qquad (5-21)$$

5.3.4　面接触块体结构的稳定性分析

对于图 5-8 所示的面接触块体结构,它的失稳模式可以概括为三种形式:第一种模式为滑落失稳,当两端拱脚以及结构中接触面的抗滑阻力不够大时结构会沿接触面失稳;第二种模式是在高压应力区的块体被挤压破碎,从而丧失对结构的支持作用导致结构失稳;第三种模式是结构整体沿拱轴的弹塑性变形过大导致拱脚与支撑位置脱离所引起的失稳。

大同矿区采场上覆岩层面接触块体大多数由粉砂岩和细砂岩组成,抗压强度一般在 60 MPa 以上,属于坚硬的工程裂隙岩体,一般不存在后两种失稳情形,而以第一种失稳情形为主。故重点分析滑落失稳时的力学机制。

为了研究结构的稳定条件,对块体几何及受力参数进行适当的简化。工程实际表明,同一岩层的破断距近乎相等,所以,面接触块体结构中各个块体的长度可以看作是相等的,记作 $L_i = L$($i = 1, 2, \cdots, n$),进而各个块体的重力也是相同的,即 $G_i = G$($i = 1, 2, \cdots, n$)。为了研究方便,假设各相邻块体之间在块体高度方向的相对移动量相同,即 $\Delta_i = \Delta$($i = 1, 2, \cdots, n$),假设作用在结构中各个块体上边界的载荷集度相同,即 $q_i = q$($i = 1, 2, \cdots, n$)。另外,假设结构模型中的块体 1—块体 n 是悬空的,因此 $p_i = 0$($i = 1, 2, \cdots, n$)。

造成结构滑落失稳的关键是结构两端拱脚的抗滑阻力不够,因此结构稳定的条件(或不沿两端接触面滑落的条件)为:

$$Tf \geqslant Q \qquad (5-22)$$

$$T_1 f_1 \geqslant Q_1 \qquad (5-23)$$

式中, f 和 f_1 分别是 T 和 T_1 作用面上的摩擦系数,它们一般不相等,而随着摩擦面上法向力的增加而减小。将式(5-23)中的 f_1 用 f 代替,应该是偏于安全的。结合式(5-14)、式(5-15)及参数简化,由上述关系,可以得到不产生滑落失稳的条件:

$$T \geqslant \frac{n(qL + G)[f\sin(\alpha + \beta) + \cos(\alpha + \beta)]}{2f} \qquad (5-24)$$

式(5-24)给出了结构稳定时后拱脚需要的挤压力与结构所受载荷、结构中块体数量、块体破断面偏斜角、结构整体偏转角以及后拱脚接触面摩擦系数之间的数量关系。面接触块体结构的整体偏转角 β 以及结构中块体的破断面偏斜角 α 对块体结构的稳定性有明显影响。当后拱脚接触面的摩擦系数给定后,结构的稳定性对 $T/[n(qL + G)]$ 的要求随 $\alpha + \beta$ 角的改变而变化。通过对函数 $g(\alpha + \beta) = \dfrac{f\sin(\alpha + \beta) + \cos(\alpha + \beta)}{2f}$ 计算极值可知,对于后拱脚接触面摩擦系数为 f 的结构,当 $\alpha + \beta$ 达到 $\arctan f$ 时,结构稳定所需要的挤压力最大,对结构稳定最为不利。

5.3.5　纵向大结构面接触失稳模式及其对矿压显现的影响

在面接触块体结构力学及稳定性分析的基础上,依据相似材料模拟结果和现场观测资

料,对同忻煤矿综放工作面覆岩运动与破坏规律作如下分析:

(1)工作面发生的纵向大结构的失稳模式符合面接触块体结构的受力与稳定性分析结果,只是在块体尺度上发生了变化,面接触块体结构理论是建立在工作面基本顶小尺度范围内的,同忻井田覆岩岩性与强度特征使其工作面垮落的块体尺度成倍增大,形成了工作面上覆岩层纵向大范围、整体的面接触式失稳模式。

(2)纵向大结构面接触结构的平衡本质上属于摩擦平衡,块体接触面的摩擦系数及接触面所受的水平推力影响着结构的稳定性。面接触结构的整体偏转角 β 亦对结构的稳定性有重要的影响。式(5-24)为纵向大结构面接触结构的失稳判据,满足该式条件,结构保持稳定,否则结构失稳。失稳覆岩在横向与纵向上尺度较大,因此对工作面及回采巷道具有冲击性,引起矿压显现较剧烈。

(3)结构中接触面的力学特性,主要包括接触面的粗糙度系数、接触面的壁面抗压强度和基本摩擦角。研究表明,粗糙度系数越大,来压强度越小,且该系数对初次来压和周期来压强度的影响程度基本相同;接触面的壁面抗压强度对来压强度的影响呈非线性关系,来压强度随着壁面抗压强度的增加而减弱;接触面的基本摩擦角对顶板来压强度的影响呈近似线性关系,基本摩擦角越小,来压强度越大。

(4)同忻煤矿工作面顶板岩层主要为坚硬厚层砂岩及粉砂岩,纵向裂隙发育,岩层厚度大于自由垮落空间高度,为形成面接触块体结构创造了有利条件;同忻煤矿现开采的工作面推进方向方位角为 107°,构造应力方位角为 245°,与工作面推进方向呈 42°的交角,构造应力沿工作面推进方向的分量为覆岩面接触结构提供了水平推力,有利于维持该结构的稳定。

(5)口泉断裂的挤压升降运动对纵向大结构面接触结构的稳定性亦有影响,原因是桑干河新裂陷的下沉对云冈块坳有挤压冲击效应,引起岩体向下运动,当井下形成自由空间后,具有向下运动倾向的岩层就会发生移动,促成纵向大结构沿接触面的滑落失稳。

(6)面接触结构确保不发生滑落失稳的条件为后拱脚的水平推力需要满足式(5-24)。结合同忻煤矿的实际分析该水平推力的来源有:一是岩层发生破坏时产生的碎胀力;二是构造应力场的水平主应力。同忻煤矿岩层碎胀系数小,形成不了太大的水平推力;最大主应力与工作面推进方向呈 42°的交角,最大主应力分解到面接触结构上的水平推力分量不大,接触面上形成的摩擦力小于上覆岩层的自重及桑干河新裂陷下沉引起的叠加应力,导致结构失稳,形成矿压显现。

(7)同忻煤矿综放工作面开采的煤层厚度大,采空区形成的自由空间大,使面接触结构的整体偏转角 β 变化大,这也加快了纵向大结构沿接触面的失稳。覆岩中软弱层的缺失减小了接触面的粗糙度系数,不利于面接触结构的稳定。

综合以上分析,同忻煤矿综放工作面具有形成纵向大范围面接触结构条件,而且在多因素影响下,工作面发生周期性纵向大结构面接触失稳,形成了同忻煤矿"双系两硬"开采条件下的覆岩运动与破坏的典型规律。

5.4 侏罗纪煤层采空区底板破坏规律

5.4.1 底板应力分布与破坏深度分析

在工作面推进过程中,由于顶板岩梁的运动与断裂,在工作面前方煤体中形成了支承压力,支承压力沿工作面推进方向的分布如图 5-10 所示。图中,S_1 为工作面煤壁至超前支承压力峰值处距离;S_2 为超前支承压力峰值处与原岩应力区边界之间的距离;L_1 为采空区内残余支承压力直至恢复至原岩应力的范围长度;L_2 为垂直应力为零的采空区长度。

采煤工作面的移动性支承压力不仅会在前方煤体上产生应力集中,还会通过煤体传递至底板深部,造成底板岩层在一定深度内应力重新分布,当应力达到底板岩层的极限强度时底板岩层发生破坏。底板应力分布取决于工作面前方集中应力向煤层底板下部岩层的传递情况[179-181]。假设前方处于原岩应力状态的煤岩对底板应力的重新分布没有影响,则工作面前方支承压力可看成煤壁至应力峰值处的三角形带状载荷与应力峰值前方的梯形带状载荷,工作面前方底板任一点的应力可看成这两个带状载荷在半无限弹性体下的传递[182-183]。力学模型如图 5-11 所示。

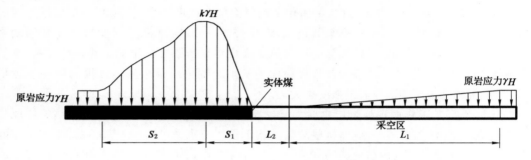

图 5-10　工作面前后支承压力分布图

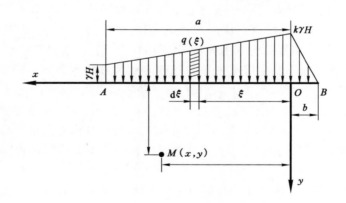

图 5-11　底板应力分布计算

整个分布载荷对底板任一点 $M(x,y)$ 所产生的应力为:

$$\sigma_x = -\frac{2}{\pi}\left\{\int_{-b}^{0} kH\gamma\left[1+\frac{\xi}{b}\right]\frac{y^3}{[y^2+(x-\xi)^2]^2}\mathrm{d}\xi + \int_{0}^{a} H\gamma\left[k+\frac{(1-k)\xi}{a}\right]\frac{y^3}{[y^2+(x-\xi)^2]^2}\mathrm{d}\xi\right\}$$

$$(5\text{-}25)$$

$$\sigma_y = -\frac{2}{\pi}\left\{\int_{-b}^{0} kH\gamma\left[1+\frac{\xi}{b}\right]\frac{y(x-\xi)^2}{[y^2+(x-\xi)^2]^2}\mathrm{d}\xi + \int_{0}^{a} H\gamma\left[k+\frac{(1-k)\xi}{a}\right]\frac{y(x-\xi)^2}{[y^2+(x-\xi)^2]^2}\mathrm{d}\xi\right\}$$

$$(5\text{-}26)$$

$$\tau_{xy} = -\frac{2}{\pi}\left\{\int_{-b}^{0}kH\gamma\left[1+\frac{\xi}{b}\right]\frac{y^2(x-\xi)}{[y^2+(x-\xi)^2]^2}d\xi + \int_{0}^{a}H\gamma\left[k+\frac{(1-k)\xi}{a}\right]\frac{y^2(x-\xi)}{[y^2+(x-\xi)^2]^2}d\xi\right\}$$

(5-27)

式中 a ——集中应力峰值处至超前支承压力边界 A 的距离；

b ——煤壁至集中应力峰值处距离。

运用工程中常用的莫尔-库仑准则,底板内某点的最大剪应力[134-135]为:

$$\tau_{max} = \sqrt{\tau_{xy}^2 + \frac{(\sigma_x - \sigma_y)^2}{2}}$$

(5-28)

底板任意点的破坏判据为:

$$\frac{\dfrac{\sigma_x + \sigma_y}{2}\tan\varphi + C}{\sqrt{\tan^2\varphi + 1}} \leqslant \tau_{max}$$

(5-29)

5.4.2 侏罗纪煤层底板破坏深度计算

同忻煤矿 8100 工作面对应浅部永定庄矿开采的 14 煤层采空区,14 煤层平均厚度为 4.3 m,工作面超前支承压力分布在工作面前方 0~20 m,峰值在煤壁前方 7 m 处,最大集中应力系数为 1.6。将 $a = 13, b = 7, k = 1.6$ 代入式(5-25)至式(5-27),利用 MathCAD 进行计算,令:

$$F(x,y) = \frac{\dfrac{\sigma_x + \sigma_y}{2}\tan\varphi + C}{\sqrt{\tan^2\varphi + 1}} - \tau_{max}$$

(5-30)

由式(5-30)绘制同忻煤矿 8100 工作面底板岩层破坏极限曲线 $F(x,y)$,如图 5-12 所示。若 $F(x,y) < 0$,则岩石破坏,分析得出侏罗纪煤层开采过程中造成底板破坏深度约 20 m。当只进行侏罗纪煤层开采时,底板岩层破坏形成裂隙,经采空区垮落矸石的挤压,岩层中的裂隙重新闭合。当受到石炭二叠纪煤层开采扰动影响时,底板侏罗纪岩层的裂隙被活化,成为导水、导气的通道,甚至成为石炭二叠纪煤层开采形成的垮落带的一部分。侏罗纪煤层开采引起的底板岩层的破坏使双系煤层之间稳定岩层的有效厚度减小,为同忻煤矿综放工作面发生纵向大结构面接触失稳创造了条件,使石炭二叠纪煤层采动覆岩的运动与破坏规律趋于复杂。

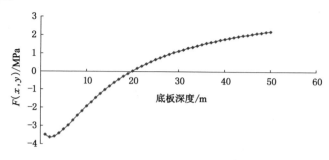

图 5-12 底板岩层破坏极限曲线

6　采煤工作面矿压显现与控制技术

6.1　工作面矿压显现实测研究

6.1.1　监测内容及方案

同忻煤矿 8100 工作面采煤方法为单一走向长壁后退式综合机械化低位放顶煤开采,煤层平均厚度为 15.3 m,割煤厚度为 3.9 m,放煤厚度为 11.4 m,采放比约为 1∶2.9,工作面倾斜长度为 193 m,可采走向长度为 1 406 m。为研究"两硬"综放条件下上覆岩层结构及运动特征、掌握工作面矿压显现规律、探讨支架-围岩关系及优化支架选型,在开采过程中对8100 工作面进行了矿压监测。采用山东省尤洛卡自动化仪表装备有限公司生产的 ZYDC-1型综采支架计算机监测系统对工作面支架的载荷及工况进行连续不间断的监测。工作面共有支架 114 架,设 11 个压力分机,从 8# 支架开始每间隔 9 架支架安设一个压力分机,分别安设在 8#、18#、28#、38#、48#、58#、68#、78#、88#、98#、108# 支架上,具体布置如图 6-1所示。压力分机的接口分别接支架的前柱、后柱的下腔,对前柱、后柱油缸的下腔压力进行

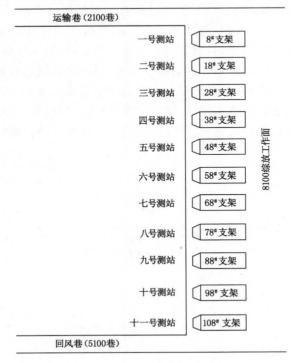

图 6-1　矿压观测测站布置

监控。

工作面使用 ZF15000/27.5/42 型支撑掩护式正四连杆低位放顶煤液压支架,最大支撑高度为4.2 m,中心距为 1.75 m,其技术参数见表 6-1,实物见图 6-2。对获得的监测数据进行如下分析:

(1)支架初撑力的分布区间及合格率;

(2)支架最大工作阻力分布规律;

(3)支架初撑力与最大工作阻力的关系;

(4)工作面顶板来压情况。

表 6-1 ZF15000/27.5/42 型放顶煤液压支架技术参数

架 型	支撑掩护式正四连杆低位放顶煤液压支架
型 号	ZF15000/27.5/42
支架结构高度/mm	2 750~4 200
支架宽度/mm	1 660~1 860
支架最大长度/mm	8 600
支架中心距/mm	1 750
立柱缸径/mm	360
额定初撑力/kN(MPa)	12 778(31.4)
额定工作阻力/kN(MPa)	15 000(36.86)
支护强度/MPa	1.46

图 6-2 ZF15000/27.5/42 型放顶煤液压支架

6.1.2 支架初撑力统计分析

综采工作面液压支架在升起支护顶板时,其立柱下腔液体压力达到泵站压力时支架对顶板所产生的初始支护力为支架初撑力。它的作用有:保证支架的稳定;阻止或限制直接顶的下沉离层和破碎,从而有效地管理顶板;使支架上下方的垫层如矸石、浮煤等压缩,提高支架实际支撑能力,加强支撑系统刚度;可以压碎顶煤,改善放煤效果。因此,初撑力是工作面液压支架重要的技术指标之一。

8100 综放工作面监测时间为从 2010 年 9 月至 2011 年 7 月回采结束,选取其中 2010 年10 月至 2011 年 4 月期间的监测数据进行支架初撑力的分析。图 6-3、图 6-4 为监测支架前后柱初撑力的分布直方图。从图 6-3 和图 6-4 中可以看出:

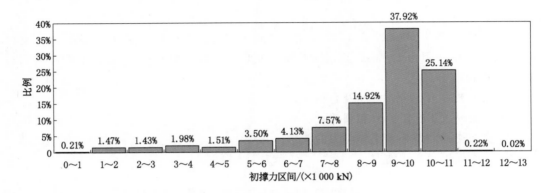

图 6-3　支架前柱初撑力分布直方图

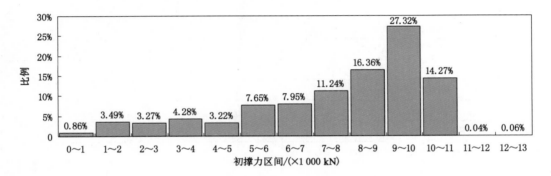

图 6-4　支架后柱初撑力分布直方图

（1）8100 工作面支架前后柱初撑力在 8 000～11 000 kN 之间的分布频率最大，前柱为 77.98%，后柱为 57.95%；现场支柱初撑力要求不小于 9 766 kN，则前柱初撑力合格率为 74.89%，后柱初撑力合格率为 54.16%。以初撑力最大分布频率区间 8 000～11 000 kN 计算，初撑力占额定工作阻力的 53.3%～73.3%。根据相关现场实测文献，合理的支架初撑力与额定工作阻力之比应为 60%～85%，据此判断初撑力的选择是合理的，但支架满足初撑力要求的比例有待进一步提高。

（2）综放采场采空区内形成的自由空间相对较大，上覆岩块的回转空间相应增大，顶板岩块易发生回转变形失稳，变形失稳加剧了支架后部顶煤的破碎，导致支架后部接顶不充分，造成了后柱初撑力合格率偏低。

（3）应提高支架后柱的初撑力，保证支架在初始状态时受力均匀，从而有利于支架稳定，提高支架维护顶板的能力，也有利于顶煤破碎，确保放煤效果。

6.1.3　支架循环最大工作阻力统计分析

评价支架的工作性能和顶板冲击程度主要由支架的循环最大工作阻力在不同区间的百分比来确定，支架合理的最大工作阻力分布为正态分布形式。图 6-5 为工作面开采期间支架最大工作阻力分布直方图，用以分析支架最大工作阻力的分布区间及频率。从图中可以看出：支架最大工作阻力呈正态分布。工作面支架最大工作阻力 10 000～12 000 kN 所占比例为 31.25%，12 000～14 000 kN 所占比例为 39.96%，最大工作阻力主要集中在 10 000

～14 000 kN,占额定工作阻力(15 000 kN)的 66.7%～93.3%,支架额定工作阻力有富余;支架最大工作阻力大于其额定工作阻力的比例为 9.76%,顶板压力及冲击程度较小。总的来说,目前所选支架能够满足工作面顶板支护的要求。

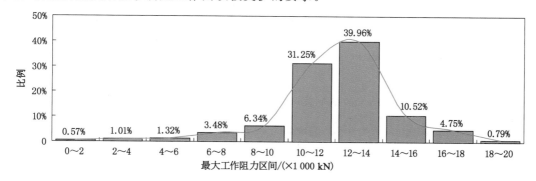

图 6-5 支架最大工作阻力分布直方图

6.1.4 支架工作阻力与初撑力关系分析

图 6-6 为 8100 工作面所测支架初撑力 P_0 与循环最大工作阻力 P_M 的散点分布,两者近似呈线性关系,数据点均分布在 $P_M = 0.756\ 9P_0 + 10\ 000$ 与 $P_M = 0.756\ 9P_0 + 3\ 000$ 之间,最终确定两者的回归关系式为:

$$P_M = 0.756\ 9P_0 + 6\ 541.4 \tag{6-1}$$

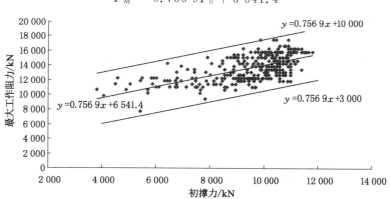

图 6-6 支架初撑力与最大工作阻力关系图

支架初撑力与最大工作阻力的线性关系说明工作面顶板岩层破断后没有形成相互铰接的平衡结构,而呈悬梁结构,岩梁的破断与下沉导致支架工作阻力随初撑力的增长而持续升高。

6.1.5 工作面基本顶来压统计分析

利用工作面周期来压的判断指标,确定顶板周期来压判据,计算基本顶周期来压动载系数。同忻煤矿 8100 工作面部分支架循环末阻力曲线如图 6-7 至图 6-9 所示。工作面上、中、下部基本顶周期来压数据如表 6-2 至表 6-5 所示。通过数据整理和分析可知,工作面初次来压步距平均为 131.56 m;基本顶周期来压步距为 9.4～40.8 m,平均为 21.30 m;来压期间支架循环末阻力平均值为 14 521.1 kN,占额定工作阻力的 96.8%,来压期间工作面中部压力明显大于两端部;非来压期间支架循环末阻力平均值为 11 339.9 kN,占额定工作阻力的75.6%;周期来压期间动载系数为1.04～1.90,平均为1.31。

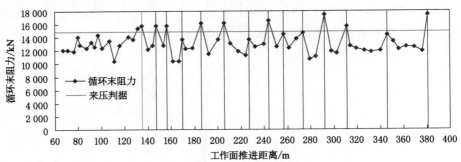

图 6-7　48$^{\#}$支架循环末阻力曲线

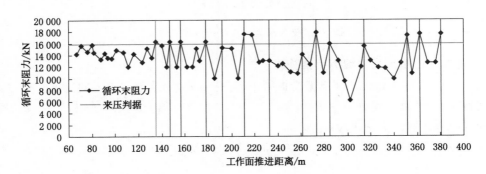

图 6-8　68$^{\#}$支架循环末阻力曲线

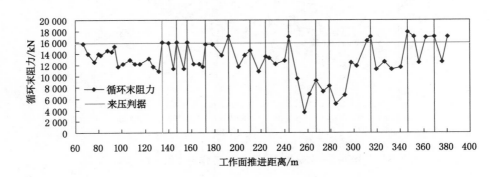

图 6-9　88$^{\#}$支架循环末阻力曲线

表 6-2　基本顶初次来压步距

工作面位置	机头(上部)			中部			机尾(下部)		
支架号	18$^{\#}$	28$^{\#}$	38$^{\#}$	48$^{\#}$	58$^{\#}$	68$^{\#}$	78$^{\#}$	88$^{\#}$	98$^{\#}$
来压步距/m	127.20	131.45	134.95	134.95	134.95	134.95	134.95	134.95	115.70
平均来压步距/m	131.20			134.95			128.53		
总平均/m	131.56								

表 6-3　基本顶周期来压步距　　　　　　　　　　　　　　单位:m

来压次序	机头(上部)			中部			机尾(下部)		
	18#支架	28#支架	38#支架	48#支架	58#支架	68#支架	78#支架	88#支架	98#支架
1	20.0	25.2	12.2	12.3	12.2	12.2	12.3	12.2	11.5
2	22.5	13.1	9.4	9.4	9.4	9.4	9.4	9.4	20.0
3	30.8	30.8	29.2	13.1	21.5	21.5	15.7	15.7	25.2
4	32.1	23.5	25.2	16.1	22.4	14.1	19.9	19.9	28.1
5	18.2	26.8	21.6	19.9	26.6	18.8	31.8	18.8	23.5
6	22.6	22.6	24.2	21.4	16.7	21.6	19.85	13.0	32.8
7	19.3	24.2	35.5	16.7	17.3	28.5	13.0	19.9	40.8
8	18.6	28.9	27.2	13.0	12.3	12.3	35.4	23.8	13.7
9	34.9	19.6	32.5	16.55	18.9	11.15	21.8	11.5	15.3
10		29.8	24.6	18.9	19.0	29.6	12.5	35.1	13.7
11				19.0	15.3	37.4	19.7	32.1	35.8
12				34.9	24.9	10.5	22.7	22.8	
13				34.4	29.1	18.6	11.6		
小平均/m	24.33	24.45	24.16	18.90	18.89	18.90	18.90	19.52	23.67
平均/m	24.31			18.89			20.69		
总平均/m	21.30								

表 6-4　基本顶历次来压期间动载系数统计结果

支架号		18#	28#	38#	48#	58#	68#	78#	88#	98#	平均值	总平均值
初次来压		1.10	1.37	1.38	1.17	1.32	1.19	1.25	1.44	1.11	1.26	
周期来压	1	1.10	1.06	1.41	1.25	1.30	1.37	1.35	1.41	1.21	1.27	1.31
	2	1.10	1.13	1.38	1.41	1.27	1.36	1.38	1.35	1.10	1.28	
	3	1.20	1.11	1.06	1.20	1.17	1.42	1.32	1.27	1.19	1.22	
	4	1.26	1.15	1.15	1.34	1.21	1.52	1.48	1.35	1.15	1.29	
	5	1.19	1.10	1.04	1.31	1.23	1.49	1.58	1.21	1.86	1.33	
	6	1.15	1.20	1.18	1.13	1.36	1.13	1.90	1.14	1.59	1.31	
	7	1.13	1.10	1.20	1.30	1.16	1.21	1.06	1.78	1.26	1.24	
	8	1.24	1.14	1.05	1.31	1.66	1.53	1.24	1.56	1.04	1.29	
	9	1.11	1.44	1.23	1.20	1.45	1.61	1.35	1.30	1.12	1.31	
	10		1.09	1.12	1.54	1.33	1.46	1.39	1.46	1.11	1.31	
	11				1.31	1.12	1.56	1.60	1.37		1.39	
	12				1.17	1.42	1.46	1.46	1.36		1.37	
	13				1.44	1.78	1.40	1.46			1.52	

表 6-5　基本顶周期来压期间支架阻力统计结果

区间	测站位置	支架号	平均循环末阻力/kN	平均最大工作阻力/kN	循环末阻力总平均/kN	
非来压期间	上部	18#	11 428.9	12 517	11 428.6	11 340.0
		28#	11 422.2	12 452		
		38#	11 434.6	12 106		
	中部	48#	12 126.0	13 454	11 819.3	
		58#	11 828.9	13 476		
		68#	11 503.1	13 705		
	下部	78#	10 804.3	12 778	10 772.0	
		88#	10 867.2	12 941		
		98#	10 644.4	12 029		
来压期间	上部	18#	13 221.8	14 914	13 438.4	14 521.1
		28#	13 406.9	17 112		
		38#	13 686.4	15 220		
	中部	48#	15 500.0	17 417	15 807.3	
		58#	15 793.8	18 374		
		68#	16 128.0	17 722		
	下部	78#	15 129.5	17 824	14 317.7	
		88#	14 914.3	17 758		
		98#	12 909.4	14 854		

6.1.6　顶板周期来压记录分析

现场开采过程中,对顶板垮落与周期来压情况进行了观测,共观测到顶板周期来压 44 次,统计结果见表 6-6。由统计结果可知,直接顶初次垮落步距为 27.5 m,基本顶初次来压步距为 136 m,周期来压步距为 10~41.9 m(平均为 21.15 m)。基本顶初次来压步距与周期来压步距观测结果与利用支架阻力判据得到的结果相差不大。现场观测得知,周期来压期间来压强度不强烈时表现为工作面个别支架有增阻现象,立柱无下沉;强烈时表现为工作面支架增阻明显,增阻支架数量多,安全阀大量开启,立柱下沉,顶煤破裂,煤壁片帮,来压持续时间较长。观测数据中周期来压不强烈的次数占总次数的 77.3%,强烈的次数占 20.5%,强烈来压呈现一定的周期性。统计结果显示工作面有明显的周期"小压"与周期"大压",依据相似材料模拟实验的结果及对覆岩运动与破坏特征的分析,周期"小压"应为工作面上方基本顶"砌体梁"结构的失稳,周期"大压"应为覆岩纵向大结构面接触失稳。

表 6-6　顶板垮落与周期来压现场观测结果

序　号	来压步距/m	来压强度描述	备　注
1	27.5	不强烈	直接顶初次垮落
2	136.0	强烈	基本顶初次来压
3	23.0	不强烈	第 1 次周期来压

表 6-6(续)

序　号	来压步距/m	来压强度描述	备　注
4	16.3	不强烈	第 2 次周期来压
5	13.8	强烈	第 3 次周期来压
6	20.0	不强烈	第 4 次周期来压
7	17.0	不强烈	第 5 次周期来压
8	16.4	强烈	第 6 次周期来压
9	27.9	不强烈	第 7 次周期来压
10	20.6	不强烈	第 8 次周期来压
11	15.1	不强烈	第 9 次周期来压
12	19.5	不强烈	第 10 次周期来压
13	20.5	不强烈	第 11 次周期来压
14	16.4	不强烈	第 12 次周期来压
15	15.2	不强烈	第 13 次周期来压
16	20.9	强烈	第 14 次周期来压
17	10.0	不强烈	第 15 次周期来压
18	21.9	不强烈	第 16 次周期来压
19	26.0	不强烈	第 17 次周期来压
20	17.9	不强烈	第 18 次周期来压
21	21.6	不强烈	第 19 次周期来压
22	27.2	不强烈	第 20 次周期来压
23	15.1	不强烈	第 21 次周期来压
24	14.6	不强烈	第 22 次周期来压
25	19.4	不强烈	第 23 次周期来压
26	17.7	强烈	第 24 次周期来压
27	20.2	不强烈	第 25 次周期来压
28	23.3	不强烈	第 26 次周期来压
29	41.9	强烈	第 27 次周期来压
30	19.0	不强烈	第 28 次周期来压
31	26.6	强烈	第 29 次周期来压
32	16.4	不强烈	第 30 次周期来压
33	14.3	不强烈	第 31 次周期来压
34	19.2	不强烈	第 32 次周期来压
35	33.0	不强烈	第 33 次周期来压
36	13.2	强烈	第 34 次周期来压
37	34.8	不强烈	第 35 次周期来压
38	18.9	不强烈	第 36 次周期来压
39	27.5	不强烈	第 37 次周期来压

表 6-6（续）

序　号	来压步距/m	来压强度描述	备　注
40	36.5	不强烈	第 38 次周期来压
41	18.9	不强烈	第 39 次周期来压
42	22.7	强烈	第 40 次周期来压
43	24.5	较强烈	第 41 次周期来压
44	25.7	不强烈	第 42 次周期来压
45	15.3	强烈	第 43 次周期来压
46	24.7	不强烈	第 44 次周期来压

6.1.7　矿压监测结果分析

（1）工作面顶板回转变形失稳是支架后柱初撑力合格率偏小的原因之一；支架循环最大工作阻力较大，说明顶板压力大，顶煤的"衬垫"作用不明显。

（2）支架最大工作阻力与初撑力呈线性变化规律，原因是厚层坚硬顶板没有形成稳定的铰接结构，顶板呈悬梁结构，顶板岩层的断裂和下沉引起支架最大工作阻力随初撑力的提高快速增大。

（3）矿压实测中基本顶第三次周期来压时工作面推进距离为 202.8 m，来压表现为强烈，与相似材料模拟实验中第三次周期来压（工作面推进距离为 201 m）相吻合，实验中的第三次周期来压为覆岩亚关键层Ⅱ断裂所致的，同样表现为来压强烈。实测结果与相似材料模拟实验结果的一致性表明，相似材料的相似比的确定、材料的选取、边界与载荷条件的施加是合适的，实验结果能够反映现实采场的覆岩运动与破坏规律。

6.2　回采巷道强矿压显现研究

6.2.1　强矿压显现特征

矿井强矿压的发生受多种因素影响，从宏观角度看影响因素可以分为三类：自然因素、技术因素和组织管理因素[184]。自然因素中最基本的就是区域动力环境，区域构造应力场的分布、活动断裂的影响、岩体中的能量积聚、岩性、煤岩赋存地质条件等，这些因素共同决定着矿井强矿压显现的特征及强度；技术因素指开采系统不完善，采掘布局不合理等引起局部应力集中导致强矿压显现；从组织管理因素来看，生产的集中化程度越高，越容易产生强矿压。发生强矿压时，聚积在矿井巷道和采场周围煤岩体中的能量突然释放，会造成煤岩体震动与破坏，支架与设备损坏，人员伤亡，部分巷道垮落失稳等，甚至引发冲击地压、瓦斯和煤尘爆炸、火灾以及水灾等。为了避免强矿压引发事故，有必要对已发生的强矿压进行统计，分析其发生原因，摸清其发生规律，对强矿压发生的概率进行初步预测。

同忻煤矿在开采 8100 综放工作面过程中遇到了强矿压显现。仅在 2011 年 3 月 25 日至 4 月 6 日期间就出现了 4 次强矿压显现，主要表现为：（1）顶板坚硬不易垮落，顶板来压显现剧烈；（2）液压支架增阻明显、安全阀开启频繁、立柱破坏，前刮板输送机哑铃销断裂等；（3）回采巷道底鼓和片帮严重，顶板下沉量大，煤炮声不断；（4）超前支承压力影响范围大。2100 巷在强矿压的影响下顶板下沉（图 6-10），金属网被撕破，钢带弯曲变形，煤壁片帮,底板开裂鼓起,其中巷道顶底板较两帮更为严重(图6-11)。

(a)　　　　　　　　　　　　　　　(b)

图6-10　巷道顶板下沉

(a)　　　　　　　　　　　　　　　(b)

图6-11　巷道底鼓

2100巷的动力显现在工作面支架上也有不同程度的体现,2011年3月25日至4月7日期间(图6-12中黑色线框内),部分工作面支架的最大工作阻力超出了支架额定工作阻力(15 000 kN),支架的安全阀大量开启,且这一期间高于额定工作阻力的支架数量、程度及这一现象出现的频率均高于其他时间。

6.2.2　强矿压显现原因分析

经统计2100巷发生的4次强矿压显现,其位置距工作面的距离为30～45 m,其中前3次强矿压显现处于工作面两次周期来压之间,第4次与工作面周期来压同步,而且2100巷在超前工作面100 m范围也同样出现过巷道变形突然加剧的现象。结合前面的研究成果,分析2100巷强矿压显现的原因如下:

(1)地质动力环境影响

大同矿区位于口泉断裂的西侧,口泉断裂处于挤压活动状态,使断裂附近的岩体中积聚了较高的应变能量,因此口泉断裂对大同矿区具有重要影响,矿井的采矿工程活动受到口泉断裂的影响和制约。同忻井田处于大同矿区的东北部,紧邻口泉断裂,因此受到口泉断裂的影响更为直接和严重。矿区活动断块划分结果表明,井田中部存在的Ⅲ-5断裂、Ⅳ-12断裂和Ⅴ-11断裂等控制着2100巷的4次强矿压显现区域。井田东部的应力状态和能量积聚相较其他区域更为显著,具备发生强矿压显现的动力条件。

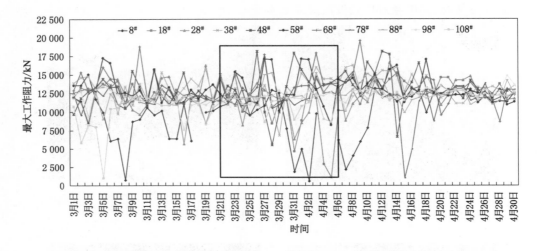

图 6-12　2100 巷动力显现期间工作面支架最大工作阻力变化曲线

（2）覆岩运动与破坏影响

工作面发生的纵向大结构面接触失稳,使工作面顶板岩层在横向和纵向上大范围的整体滑移垮落,垮落岩体引起工作面及回采巷道压力增大,矿压显现明显,而且具有瞬时性和冲击性。

（3）构造应力影响

2100 巷轴向方位角为 107°,巷道承受水平构造应力作用,最大水平主应力为20.2 MPa,方位角为 245°,巷道轴向与最大水平主应力方向夹角为 42°（图 6-13）。研究表明,该夹角区域为影响增长区[185],巷道顶底板破坏更为明显。由数值模拟的结果可以清楚看到,巷道的顶板塑性区范围明显大于两帮（图 6-14）,在这样的构造应力环境下,巷道支护要重点考虑对顶板围岩的控制。

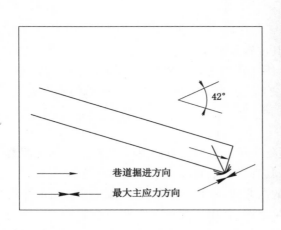

图 6-13　巷道轴向与最大水平主应力方向的关系

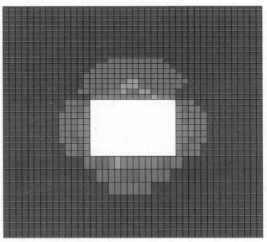

图 6-14　巷道轴向与最大水平主应力方向的夹角
为 42°时巷道塑性区分布

（4）顶板岩性影响

同忻煤矿的"两硬"条件为强矿压的发生创造了有利条件，主要原因是坚硬厚层覆岩由于回采扰动容易积聚大量的弹性能，成为强矿压发生的动力源。在坚硬顶板破碎和滑移过程中，大量的弹性能突然释放，形成强烈震动，导致强矿压的发生。

（5）开采强度影响

随着开采活动的进行，矿山压力处于一个不断失稳—稳定周而复始的过程。合理维持这个平衡状态尤为重要。综放工作面开采强度大，形成的采空区空间大，顶板覆岩运动剧烈，巷道更易变形破坏。2100巷的强矿压显现是在地质动力条件及采动影响共同作用下区域岩体能量释放的结果。

6.3　工作面与回采巷道强矿压控制技术

6.3.1　卸压爆破

爆破卸压能有效消除已形成的强矿压发生的强度条件和能量条件，煤岩体强度和能量弱化后，围岩的应力集中区域发生扩散或者向煤岩体深部转移，从而降低了工作面或者巷道附近应力集中程度，因此卸压爆破是减缓巷道应力集中程度的一种解危措施[186]。卸压爆破在煤体中产生大量裂隙，使煤体的力学性质发生变化，煤体内裂隙的长度和密度增加，按照失稳理论，具有致稳作用和止裂作用，防止了强矿压的发生。

实施卸压爆破应采取深孔爆破方法，孔深应达到支承压力峰值区，即利用深孔爆破释放储存在坚硬顶板中的大量能量，有效降低强矿压危险性[187]。装药位置越靠近峰值区，炸药威力越大，爆破解除煤层应力的效果越好。实施卸压爆破前必须先进行钻屑法检测，确认有高应力时才进行卸压爆破，爆破后还要用钻屑法检查卸压效果。如果在实施范围内仍有高应力存在，则应进行第二次爆破，直至解除高应力为止。为了安全生产，通过卸压爆破在工作面前方和巷道两帮形成一个有足够宽度（大于3倍采厚）的卸压保护带。所以卸压爆破的深度，对巷道两帮而言应等于保护带宽度，对采煤工作面而言应等于保护带宽度加上工作面循环进尺。卸压爆破钻孔示意图如图6-15所示。

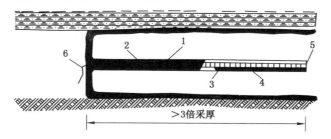

1—钻孔；2—炮泥；3—药卷；4—塑料软管；5—雷管及导爆索；6—引爆线。

图6-15　卸压爆破钻孔示意图

6.3.2　钻孔卸压

钻孔卸压可在一定程度上改善煤岩力学性质，软化煤岩结构，降低煤岩强度，增强其塑性变形特性；同时可诱导裂隙定向发育、煤岩体耦合破坏，促进煤岩渐进式损伤，优化能量释放结构,使煤岩趋于静态缓慢式破坏,是消除或减缓强矿压危险的解危措施[188]。此法基于施工钻屑法钻孔时产生的钻孔冲击现象,钻孔越接近高应力带,由于煤体积聚能量越多,钻孔冲击频率越高,强度也越大。大直径钻孔可以起到破裂和软化煤体的作用。当在煤体内进行卸压钻进时,在钻孔周围的高应力作用下,钻出的煤粉量较平常有很大的增加,因此每一个钻孔周围形成一个比钻孔直径大得多的破碎区,当这些破碎区互相连通后,便能使岩体钻进剖面全部破裂,支承压力均衡,并向围岩深部转移,从而起到卸压作用。煤层支承压力峰值部位钻孔的破裂和卸压作用如图 6-16 所示。钻孔卸压的实质是在高应力条件下,利用煤层中积聚的弹性能来破坏钻孔周围的煤体,使煤层卸压、释放能量,消除强矿压危险。

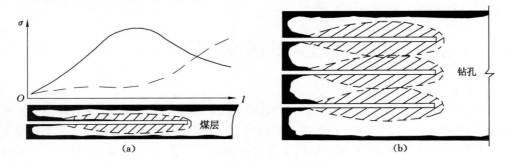

图 6-16　煤层中钻孔卸压作用

6.3.3　煤层注水

近年来煤层注水得到广泛的应用,在煤层中注水可提高煤体塑性、降低煤体脆性和强度,使煤体应力重新分布,从而降低煤体强矿压发生概率,是防治强矿压的一项重要措施[189]。之所以如此,是因为煤被水湿润后其物理力学性质发生变化。这种变化由两个原因引起:(1) 水及某些含阳离子的溶液具有降低岩石颗粒间表面能的作用,从而降低了岩石的破裂强度,在实际生产中将这种现象称作"软化"。(2) 裂隙的增加与扩展,降低了岩石(煤)的强度,造成岩石(煤)的弹性性质的差别。

研究表明,随煤层含水率的增加,煤的单轴抗压强度和弹性模量降低,泊松比升高。由于力学性质的变化,煤体中储存的弹性能大大减少。图 6-17(a)为浸水前煤的单轴抗压强度曲线。煤破坏后沿 CD 线卸载,CD 线平行于 AB 线。图 6-17(b)中 $C'D'E'$ 表示煤浸水后破坏时可能释放出的最大弹性能。

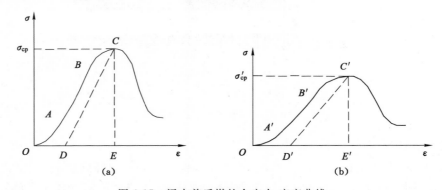

图 6-17　浸水前后煤的全应力-应变曲线

总之,煤层注水可改变煤体力学性质,将增加煤体含水率,煤体含水率的增加会导致煤体的破坏强度下降,塑性破坏增强,这将导致煤体在破坏过程中内部积聚的弹性应变能减少;同时可改变工作面前方煤体内部的裂隙结构,使煤体脆性减弱,促使煤壁前方塑性变形区(卸压带)加宽,煤层内部应力集中区(弹塑性变形区)得以向深部移动,从而预防强矿压的发生或使其强度减弱[190]。

6.3.4 让压支护

让压支护包括两层核心体系:让压和抗压。前者通过支护改善围岩结构实现,就是说巷道掘进初期,在保证巷道不失稳的前提下,允许巷道围岩有一定的变形,借以释放岩体的应力;后者通过支护实现围岩强度的提高,即当变形达到临界状态时,支护体要提供给围岩充足的支撑力,支护-围岩共同承载。两者耦合后,通过合理的让压空间释放能量,保证巷道稳定性[191]。目前,巷道让压支护有碹体支护的让压形式、U型钢可缩性让压支护、锚喷支护、让压锚杆支护等。除让压支护外,还有一些常用的卸压方法,如在巷道围岩中开槽、切缝、钻孔等,在受保护巷道附近开掘专用的卸压巷道。

当巷道处于高应力区或应力分布复杂区域时,巷道发生变形和破坏是难免的。为了保证巷道稳定性总体效果最佳,依据巷道让压原理,从以下几个方面来实现对巷道围岩应力的转移与释放:

(1)采用让压护巷。选择合理的巷道位置是最有效的让压方式。根据最大水平应力理论,当巷道轴向与最大水平应力方向一致时,巷道最易维护;当巷道轴向与最大水平应力方向垂直时,巷道最难支护。巷道布置也要综合考虑岩(煤)层、岩(煤)柱等各种因素,使巷道尽可能地避开应力集中区和采动影响范围。其他有效的让压方法有沿空留(掘)巷、小煤柱护巷。

(2)改善支护结构及性能。支护不仅要阻止围岩的变形及其发展,更要适应一定的变形及其发展。对那些难以阻止的或不可阻止的变形,支护要具有让压、释能作用,如采用可缩性金属支架、让压锚杆等。

(3)选择合理的维护时间及加固方式。即根据不同的破坏特征,及时改变支护方式,调节支护强度。对于静压巷道,掘出后先进行基本支护,当围岩变形发展至将要超过巷道允许变形时,及时进行补强加固。对于动压巷道,在采动影响来临之前,应安设强度较大的支撑性或可缩性支护。

同忻煤矿针对8106工作面压力大、矿压显现强烈的现象,在靠近工作面运输巷的煤层顶板中开掘了一条卸压巷,从现场来看卸压巷内压力显现明显(图6-18至图6-20),即卸压

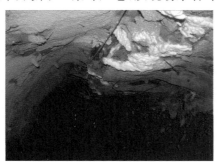

图 6-18　卸压巷顶板下沉

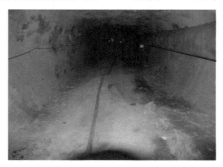

图 6-19　卸压巷底鼓

巷起到了很好的卸压效果,达到了对工作面与回采巷道的卸压保护作用。

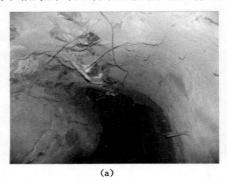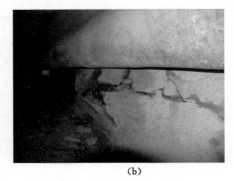

(a)　　　　　　　　　　　　　　　(b)

图 6-20　卸压巷片帮

7 安全开采方案优化研究

7.1 工作面覆岩结构物理探测

7.1.1 覆岩结构物理探测意义与原理

前面几章内容已对同忻井田的地质动力环境及覆岩运动与破坏规律、矿压显现规律等方面进行了分析,研究得到了同忻井田发生强矿压的地质动力条件、覆岩的失稳模式及判据。本章目的是在前期研究成果的基础上通过物理探测手段对工作面上覆"三带"进行探测,掌握石炭二叠纪煤层开采引起的覆岩运动影响范围,为优化开采方案提供基础数据。

本次使用的物理探测仪器为 EH-4 型电磁成像系统。该系统是美国 Geometrics 公司和 EMI 公司联合开发的双源型电磁/地震系统(图 7-1),基于大地电磁测深原理,通过对地面电磁场的观测来研究地下电阻率的分布规律。它实现了对天然信号源与人工信号源的采集和处理,是可控源与天然场源相结合的一种大地电磁测深系统[192]。EH-4 型电磁成像系统在寻找矿产资源、地下水,探测地质构造、采空区等方面应用广泛,并且取得了很好的效果[193-201]。

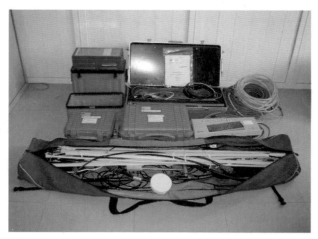

图 7-1　EH-4 型电磁成像系统

煤层赋存于成层分布的含煤地层中,煤层被开采后破坏了原有的应力平衡状态,形成采空区。利用 EH-4 型电磁成像系统进行野外工作时,通过对各测线进行地表调查,发现各条测线上均分布有很多塌陷坑,或煤矿矿洞和通风口,这些都是采空区在地表的直接标志,并且这些塌陷坑、煤矿矿洞和通风口对应在断面图位置上的断面形态与采空区的电性特征极为相似,因此可以推断为采空区[202]。当开采面积较小时,未引起地层塌落、变形,采空区以充水或不充水的空洞形式保存下来;但多数采空区在重力和地层应力作用下,顶板塌落,形成垮落带、裂缝带和弯曲下沉带。这些地质因素的变化,使得采空区及其上部地层的地球物理特征发生了显著变化,主要表现为煤层采空区垮落带与完整地层相比,岩性变得疏松、密实度降低,其内部充填的松散物的视电阻率明显高于周围介质,在电性上表现为高阻异常;煤层采空区裂缝带与完整地层相比,岩性没有发生明显的变化,但由于裂缝带内岩石的裂隙发育,裂隙中充入空气致使导电性降低,在电性上也表现为高阻异常;煤层采空区垮落带和裂缝带若有水注入,使得松散裂隙区充盈水分达到饱和的程度,会引起该区域的电导率迅速增加,表现为视电阻率值明显低于周围介质,在电性上表现为低阻异常。这种电性变化为以地电特征差异为探测原理的 EH-4 型电磁成像系统的应用提供了地球物理应用前提。

7.1.2 现场探测方案

为实现对工作面上覆岩层垮落带与裂缝带范围的准确划分,探测分两个阶段进行:(1)采前实体煤探测;(2)工作面开采后采空区探测。通过对比工作面采前、采后上覆岩层的电阻率特征,确定工作面上覆岩层垮落带与裂缝带范围。第一阶段探测方案为:在 8100 工作面对应的地表布置两条测线,1#测线布置在 8100 工作面未开采区域的地表,2#测线布置在 8100 工作面已开采区域的地表。具体测线布置见图 7-2,其中 1#测线方位近南北,长度为 160 m,共 9 个测点;2#测线方位北西 21°,长度为 340 m,共 18 个测点。第二阶段探测方案为:沿着 1#、2#测线进行重复探测,此时 8100 工作面已开采经过 1#测线。

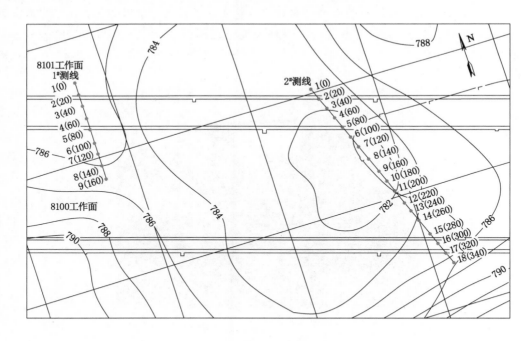

图 7-2 测线布置

图 7-3、图 7-4 为 1#、2#测线对应的 3-5 煤层底板等高线形态,图中箭头所指范围为测线所对应的井下 8100 综放工作面的位置。从图中可以看出,3-5 煤层基本为水平的,无较大的起伏变化。

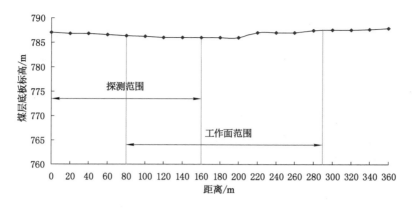

图 7-3 1#测线探测范围与工作面对应关系

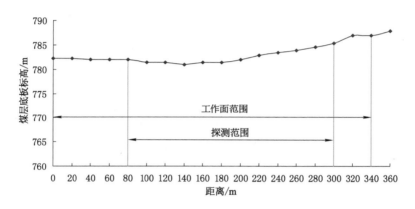

图 7-4 2#测线探测范围与工作面对应关系

7.1.3 数据处理与分析

EH-4 型电磁成像系统具有数据综合处理和解释的能力。特别是其现场处理功能，可以使用户在现场看到测量结果并根据测量结果调整野外测量参数，不会影响野外施工。数据处理主要由 IMAGEM 程序进行，编辑过程采取人机联作形式，可对某些不光滑频率点的数据(干扰数据)进行删除或修改，使频率曲线趋于光滑，保证得到的二维解释电阻率更接近大地真实电阻率。一维处理将时间数据变换为频率数据，得到振幅、相位及相关曲线。对频率数据进行一维反演即可得到电阻率曲线。对连续几个测点进行联合处理，在完成 EMAP 静态校正及平滑处理后，最终获得地层电阻率断面图。

EH-4 型电磁成像系统大地电磁测深资料分析建立在经过多项数据处理后的图像基础上，借此研究电磁场在大地中的空间分布特征及规律，并利用这些特征与规律识别大地的电性结构，推断异常形态、部位、产状等，划分地层，圈定不良地质体的发育区等，最终结合地质、水文及钻探资料等为地质解释提供地球物理依据。

图 7-5 为 1#测线第一、第二阶段大地电阻率二维反演图(图中双黑虚线为煤层位置)。从图 7-5(a)中可以看到，电阻率等值线平滑，疏密变化不大，无错动，除浅部电阻率等值线有些波动外，基本都成层分布，电性标志层稳定，结果证实了该区域内煤层未经采动影响，岩层保持原始的赋存状态。从图 7-5(b)中可以看到，在水平方向 80～180 m 之间，标高在

+800～+880 m 之间有一高阻闭合圈（图中红色虚线所示），该异常区域范围与图 7-3 中所示的 8100 综放工作面的范围吻合，与煤层的赋存标高基本一致，参考相关工程中采空区"三带"中岩层视电阻率的差异规律，推断此高阻异常区为 8100 综放工作面开采后形成的垮落带，影响高度约 80 m。图中蓝色虚线为工作面开采后裂缝带发育高度的边界，影响高度约 70 m。由裂缝带的边界至地面均为弯曲下沉带。

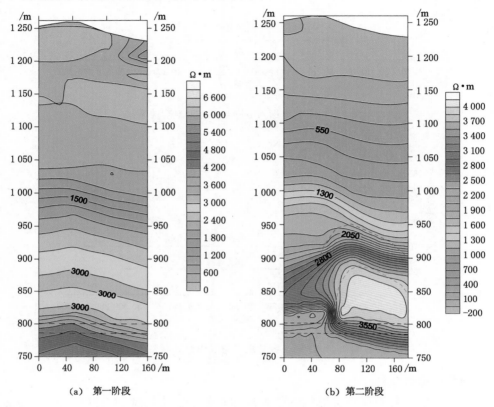

（a）第一阶段　　　　　　　　　（b）第二阶段

图 7-5　1# 测线大地电阻率二维反演图

图 7-6 为 2# 测线第一、第二阶段大地电阻率二维反演图（图中双黑虚线为煤层位置）。从图 7-6（a）中可以看到，在水平方向 80～300 m 之间，标高在 +800～+900 m 之间有一高阻闭合圈（图中红色虚线所示），其上部电阻率等值线平稳、连续，呈层状分布，而且该异常区域水平范围与图 7-4 中所示的 8100 综放工作面的范围吻合，与煤层的赋存标高基本一致，因此推断此高阻异常区为 8100 综放工作面开采后形成的垮落带，影响高度约 100 m。图中蓝色虚线为工作面开采后裂缝带发育高度的边界，影响高度约 70 m。由裂缝带的边界至地面均为弯曲下沉带。图 7-6（b）中的高异常带区的形态与范围与第一阶段的基本一致，在水平方向 80～300 m 之间，标高在 +800～+900 m 之间有一高阻闭合圈（图中红色虚线所示），与图 7-5（b）相比，电阻率等值线更加密集，分布更规律，说明此时工作面覆岩的运动与破坏已基本稳定，推断工作面垮落带影响高度约 100 m，裂缝带发育高度约 70 m。由裂缝带的边界至地面均为弯曲下沉带，地面已形成开裂与凹陷现象（图 7-7），表明岩层破坏已发展至地表。最终 8100 综放工作面形成的"三带"形态及范围如图 7-8 所示。

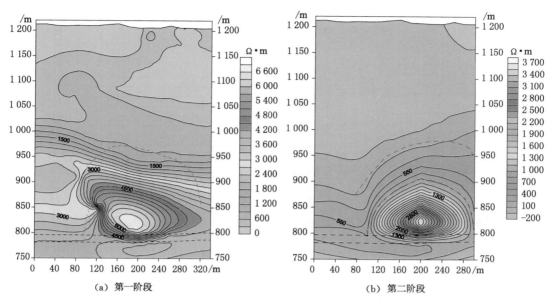

(a) 第一阶段 (b) 第二阶段

图 7-6 2^#测线大地电阻率二维反演图

(a)   (b)

图 7-7 地面开裂现象

1^#测线探测得到的垮落带与裂缝带高度均小于或等于 2^# 测线探测得到的结果（表 7-1），分析原因主要有：一是 1^#测线所处的位置工作面刚刚开采完毕（约 1～1.5 个月），上覆岩层移动破坏还没最终稳定，2^#测线所处位置的工作面上覆岩层已基本稳定，采空区被充实，裂隙与离层被重新压实，形成的覆岩状态不再发生变化；二是工作面开采的煤层厚度的变化，顶板岩层性质及结构的变化导致采空区形成的空间大小及形态不同也可能导致同一个工作面不同位置形成的"三带"范围略有差异。

表 7-1 采空区两带高度探测结果

测线	垮落带高度/m	裂缝带高度/m
1^#测线	80	70
2^#测线	100	70

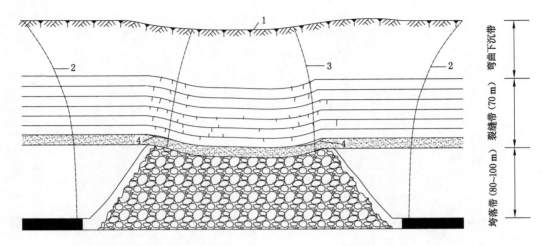

1—地面塌陷区；2—岩层开始移动边界线；3—岩层移动稳定边界线；4—离层现象。

图 7-8　8100 工作面上覆岩层破坏特征

7.1.4　探测结果

（1）同忻煤矿 8100 工作面开采后形成的垮裂高度为 150～170 m，采厚按 15 m 计算，其垮裂高度与采厚之比为 10～11.3。随着开采结束时间的延长及覆岩远离工作面，垮落带内岩层被压实，裂缝带的发育程度越来越小，物理探测时可能捕捉不到微小裂隙造成的电性变化，因此实际中裂缝带的高度可能要稍大于探测结果，但误差不会太大。

（2）按此次的探测结果分析，工作面形成的垮裂影响高度在局部区域已达到了侏罗纪煤层采空区，考虑侏罗纪煤层开采形成的底板破坏深度，双系煤层采空区可通过采动裂隙相互连通。

（3）由采动裂隙引起的双系煤层采空区的连通已影响到了综放工作面的安全开采，8106 工作面与上覆侏罗纪煤层采空区平均间距为 140 m，开采中已明显出现双系煤层采空区连通现象。工作面上覆岩层多为坚硬岩层，软弱层缺失，不利于形成隔水、隔气关键层，这也是工作面与侏罗纪煤层采空区相互连通的重要原因。

为有效控制覆岩运动与破坏对工作面的影响，防止双系煤层采空区的连通，有必要通过对开采方案的优化来控制上覆岩层的移动与破坏，保证石炭二叠纪煤层的安全开采。

7.2　安全开采方案优化

7.2.1　同忻煤矿开采现状

同忻煤矿共划分为两个水平、六个盘区。一水平有北一、北二和北三盘区，主要开采石炭二叠纪 3-5 煤层；二水平有北一、北二和北三盘区，主要开采 8 煤层。研究期间，一水平北一盘区大部分巷道已掘进完毕，北二盘区开拓巷道正在掘进。矿井首采面布置在北一盘区，开采煤层为石炭二叠纪 3-5 煤层，煤厚平均为 18.4 m。北一盘区已开采完毕两个综放工作面，分别为 8100 工作面、8101 工作面，正在回采 8106 工作面，工作面采用综采放顶煤开采工艺，顶板管理采用自然垮落法。

同忻煤矿浅部分布着开采侏罗纪煤层的同家梁煤矿、大斗沟煤矿、永定庄煤矿、煤峪口煤矿、忻州窑煤矿,侏罗纪煤层开采形成的采空区基本覆盖了整个同忻煤矿,其中以侏罗纪 14 煤层形成的采空区对同忻煤矿生产造成的影响最大。8100 与 8101 工作面受上覆永定庄煤矿开采 14 煤层的影响,8106 工作面受煤峪口煤矿开采 14 煤层的影响,石炭二叠纪 3-5 煤层与侏罗纪 14 煤层的平均间距为 200 m,双系煤层开采造成的相互影响已客观存在。

如前所述,同忻煤矿存在"双系两硬"条件,在开采中出现了顶板大面积悬顶,工作面来压强度剧烈,回采巷道受突发性强矿压影响严重,采空区通过采动裂隙与浅部侏罗纪煤层采空区连通,覆岩大范围破坏等影响矿井安全高效生产的问题。现场实测、相似材料模拟及数值模拟研究表明,影响覆岩破坏高度的因素主要有开采方法、覆岩岩性、岩性结构、开采厚度、工作面几何参数、断层结构和时间等。其中,开采厚度与开采方法对覆岩破坏高度的影响最为明显。因此,可以通过对开采方案的优化来达到控制覆岩运动与破坏的目的,降低矿压显现强度。

7.2.2 厚煤层分层开采

大量研究与实践证明,将综放一次采全高改为分层开采是控制覆岩的破坏高度的有效方法。进行分层开采时,上分层垮落岩层压实后开采下分层,其覆岩破坏高度与采厚之间已不再符合线性关系,而呈近似分式函数关系,即此时随着采厚增大,覆岩破坏高度将按非线性规律增大。综放开采的裂缝带发育高度远大于累计同采厚分层开采裂缝带发育高度。另外,分层开采条件下覆岩破坏高度随各分层间隔开采时间不同而不同,控制各分层间隔开采时间可控制覆岩破坏发育高度。由此可见,相同条件下,开采方法对覆岩破坏高度有着明显的控制作用。

康永华等[114]依据大量的现场实测资料,提出减小初次开采厚度以降低导水裂缝带发育高度;增大重复开采厚度以提高采煤工效和矿井经济效益;厚煤层采用分层开采与综采放顶煤相结合的采煤方法,则既能控制导水裂缝带的发育高度,又可降低采煤生产成本。

利用覆岩垮落带高度与裂缝带高度的经验公式计算同忻煤矿分层开采时覆岩(为坚硬岩层)的破坏情况,分层开采垮落带高度与裂缝带高度计算公式分别为:

$$H_k = \frac{100\sum M}{2.1\sum M + 1.6} \pm 2.5 \tag{7-1}$$

$$H_{li} = \frac{100\sum M}{1.2\sum M + 2.0} \pm 8.9 \tag{7-2}$$

式中 H_k——垮落带高度,m;

H_{li}——裂缝带高度,m;

$\sum M$——累计采厚,m。

根据同忻煤矿的实际条件,取累计采厚 18.4 m,不考虑采空区内落煤损失对"两带"高度的影响,计算得:

$$H_k = 43.2 \sim 48.2 \text{ m}$$
$$H_{li} = 68.8 \sim 86.6 \text{ m}$$

计算结果表明,同样的煤层厚度分层综采比综放一次采全高在控制覆岩破坏高度上效果明显。因此,为有效控制覆岩的破坏,防止双系煤层采空区通过采动裂隙连通,将原厚煤层综放开采方法调整为分层开采方法。

7.2.3　采空区充填开采

　　充填采煤技术在充填液压支架后顶梁或铰接顶梁等的掩护下,利用矸石、膏体等固体废物实现采空区的有效充填,充填采煤工作面相当于开切眼整体推进,其矿压显现规律有别于传统采煤方法。充填开采降低了真实的开采高度,减小了顶板垮落空间;顶板的垮落受充填体、破碎直接顶的支撑作用,对支架、煤壁等的动载荷将减小,工作面的矿压显现特征不明显;顶板运动及回转空间大大减小,上覆岩层易于形成稳定结构。

　　本书利用 UDEC 离散元软件对充填开采进行了数值模拟,分析充填开采对覆岩运动与破坏的控制作用。模型的几何尺寸为长×宽＝400 m×249 m,采用莫尔-库仑模型。计算模型边界条件为:模型左右边界施加水平约束,即边界水平位移为零;模型底部边界固定,即底部边界水平、垂直位移均为零;模型顶部为应力边界,施加上覆岩层自重的等效载荷。模拟中进行分步开挖,工作面共推进 220 m。煤层的开挖通过改变煤层块体为空单元材料来实现,回填通过改变空单元材料为双屈服模型材料来实现。充分采动后,覆岩塑性破坏分布范围见图 7-9。由图 7-9 可知,充填开采后,覆岩塑性破坏高度为120 m,破坏边界角度为 54°。

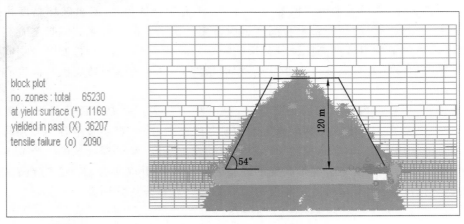

图 7-9　充填开采条件下覆岩塑性破坏形态

　　充填体的压缩率与上覆岩层中是否存在关键层对充填后覆岩的移动有很大的影响。当上覆岩层中无关键层时,应确保充填体较小的压缩率以控制覆岩合理的移动量;当上覆岩层中存在关键层时,不同压缩率时应有一极限充填距离,以确保关键层稳定和上覆岩层的合理移动量。充填体的压缩率越大,岩层的稳定期越长,岩层的活动范围和活动程度越大,因而越不利于岩层的稳定性控制。同忻煤矿综放工作面采厚大,采空区自由空间大,充填开采时要重点控制充填体的压缩率及极限充填距离,在关键层与充填体共同作用下控制覆岩的破坏,达到对矿压显现的控制目的。

7.2.4　覆岩离层注浆开采

　　覆岩离层注浆技术最早是由苏联学者提出的。煤层开采后,岩层发生弯曲变形,当各岩层的刚度不同时,其挠曲变形不协调,岩层出现分离,形成了离层。离层注浆利用覆岩运动过程形成的离层空间,通过地面打钻至可利用的离层空间,由钻孔向离层空间注浆进行充填,从而控制离层空间上方岩体的变形破坏。

本书采用 UDEC 离散元软件中的宾汉姆流体模型实现对离层注浆的模拟。模型参数与边界条件与充填开采时的相同。随工作面推进,对后方采空区顶板覆岩内进行注浆,煤层充分采动后,覆岩塑性破坏分布范围见图 7-10。覆岩塑性破坏高度为 155 m,破坏边界角度为 65°。

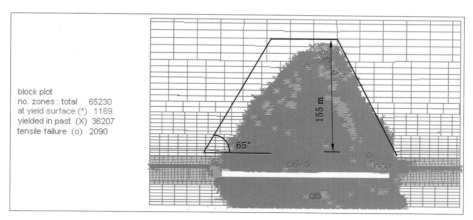

图 7-10 离层注浆开采条件下覆岩塑性破坏形态

离层注浆位置对离层注浆效果影响明显。对采动覆岩离层发生位置的研究多建立在理论计算以及物理模拟、数值模拟基础上,对离层位置的实测研究较少,原因是离层发生在覆岩内部,观测难度较大,且缺少直观、有效的观测手段,因此对离层注浆控制覆岩运动还有待进一步的研究。

综上,为控制同忻煤矿综放工作面上覆岩层的破坏,降低工作面及回采巷道的矿压显现强度,提出了分层开采、充填开采、离层注浆开采等安全开采方案。理论分析与数值模拟表明,提出的开采方案对覆岩运动与破坏的控制优于综放一次采全高开采方案,但其具体的开采参数要进行深入的研究后确定,这样才能做到对覆岩运动的有效控制。开采方案工艺参数的设计是一项重大的工程,本书对这部分内容不作详述。

7.3 回采巷道支护方案优化

目前,回采巷道的支护方式主要为锚杆支护。锚杆支护作为一种主动支护方式,代表了巷道支护的发展方向,从国内外锚杆支护的应用情况来看,锚杆-锚索支护形式在一段时期内还将是煤矿巷道的主要支护形式之一。加强对巷道锚杆-锚索的支护作用、支护形式、支护原理和方法的研究,对于改善煤矿巷道的维护状况、提高锚杆支护技术水平和煤炭开采的长远发展有着重要的意义。

目前煤巷锚杆参数设计方法基本上可归纳为工程类比法、理论计算法、数值模拟分析法及组合方法,这些设计方法对煤巷锚杆支护参数设计有非常好的指导作用。工程类比法是建立在已有工程设计和大量工程实践的基础上,在围岩条件、施工条件及各种影响因素基本一致的情况下,根据类似条件的已有经验,进行待建工程锚杆支护类型和参数设计的一种方法。理论计算法是根据围岩稳定性理论分析和锚杆支护机理研究得出的一些理论和经验公式进行参数设计的一种方法。数值模拟分析法是利用对掘进工作面周围的应力与变形的分析进行支护参数设计的一种方法。数值模拟分析法通过对结构系统构造锚杆支护数学模型，利用计算机解大规模的代数联立方程组来模拟结构系统的反应过程，对比计算结果，确定最优方案。

大断面巷道在支护设计中，充分利用了顶板岩层的自承能力，采用锚杆、锚索联合支护的方式，将顶板岩层、锚杆、锚索结合成为一个共同作用的整体。在实际应用中，不要求锚杆一定要深入稳定岩层之中，但锚杆要有合理的长度、直径及可靠的锚固力，锚杆长度和间距之间应满足某种关系，使巷道围岩在锚杆、锚索的约束作用下达到平衡和稳定。利用工程类比法，针对同忻煤矿回采巷道出现的压力显现明显、变形大的特点，基于已有支护方案，提出四种优化方案。工作面 2100 巷为矩形断面，净宽度为 5 300 mm，净高度为 3 600 mm，净断面积为 19.08 m²。各方案均为锚杆、锚索组合金属网、钢筋梯联合支护，各方案锚杆、锚索的直径及长度不变，锚杆直径为 20 mm，顶锚杆长度为 3 100 mm，帮锚杆长度为 2 500 mm，锚索直径为 17.8 mm、长度为 8 300 mm。各方案巷道断面均铺设金属网护顶护帮，各方案参数如下。

方案Ⅰ：顶锚杆间排距为 800 mm×800 mm，锚索间排距为 2 400 mm×1 600 mm，帮锚杆间排距为 900 mm×800 mm，支护布置见图 7-11(a)。

方案Ⅱ：顶锚杆间排距为 800 mm×900 mm，锚索间排距为 2 400 mm×1 800 mm，帮锚杆间排距为 900 mm×900 mm，支护布置见图 7-11(b)。

方案Ⅲ：顶锚杆间排距为 800 mm×1 000 mm，锚索间排距为 1 600 mm×2 000 mm，帮锚杆间排距为 900 mm×1 000 mm，支护布置见图 7-11(c)。

方案Ⅳ：顶锚杆间排距为 900 mm×900 mm，锚索间排距为 1 800 mm×1 800 mm，帮锚杆间排距为 900 mm×900 mm，支护布置见图 7-11(d)。

对上述四种支护方案利用 FLAC³ᴰ有限元软件进行模拟计算，分析、评价所设计的锚杆-锚索支护系统或支护结构的可行性与可靠程度，进行初始方案优选与确定。

图 7-12 为各方案垂直切面应力分布云图，从图中可知：在锚杆端部与尾部形成了应力集中，端部应力集中是由锚杆与围岩通过锚固剂胶结在一起、共同承载巷道顶板下沉引起的；尾部应力集中是由锚杆施加预紧力引起的，预紧力的施加使锚杆起到了主动承载的作用。锚杆与锚索联合支护形成的有效压应力区覆盖了锚杆锚固区内和锚索自由段长度范围内的大部分区域，连接、叠加成一个范围很大的主动支护区，成为巷道顶板承载的主要结构。由于锚杆间距的变化幅度小，各方案的垂直切面应力变化不明显。

图 7-13 为各方案的水平剖面应力分布云图，从图中可知：锚杆、锚索联合支护形成了以锚索为骨架、锚杆为连续带的骨架网状结构，对锚杆、锚索之间围岩的主动支护作用非常明显。而且钢带实现了锚杆预应力的有效扩散，显著提高了对锚杆之间围岩的支护作用，支护系统的支护效果明显改善。对比各支护方案，支护方案Ⅳ支护效果最为明显，各锚杆形成的压应力区通过钢带的连接与扩散作用相互连接成整体，预应力锚索将前后两排锚杆形成的有效压应力区组合在一起，提高了支护系统的整体强度与刚度，该方案更有利于控制巷道围岩变形，保持围岩稳定。

各支护方案巷道顶板下沉量对比见表 7-2。方案Ⅲ顶板下沉量最大，为 570 mm；方

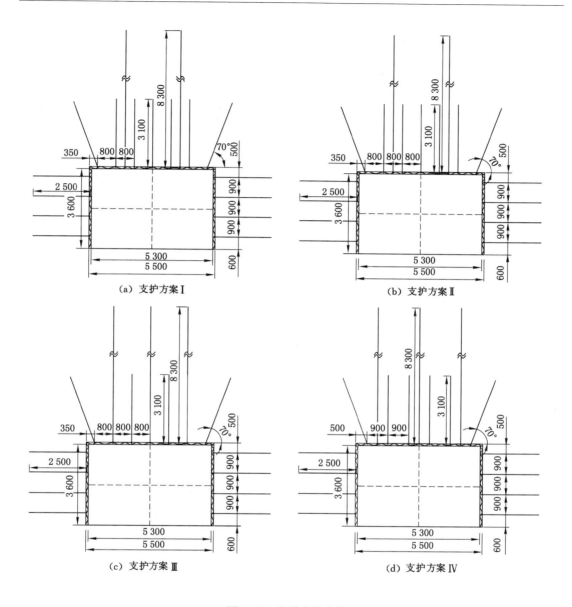

图 7-11　巷道支护方案

案Ⅳ顶板下沉量最小,为 150 mm,比方案Ⅲ下降了 73.7%。顶板下沉量总体上随锚杆间排距的增大而增大,但也出现了间排距为 800 mm×800 mm 的方案Ⅰ的顶板下沉量大于间排距为 900 mm×900 mm 的方案Ⅳ的顶板下沉量的情况。模拟结果说明一味减小锚杆间排距并不能持续提高支护效果,其原因:一是锚杆间排距过小,锚杆钻孔增多加剧了围岩的破碎,导致围岩支承能力下降;二是锚杆锚索间排距与位置存在相互匹配的最优值,即锚杆锚索的布置位置适当,锚杆锚索形成的有效压应力区能够相互补充、叠加,有效压应力区范围达到最大。

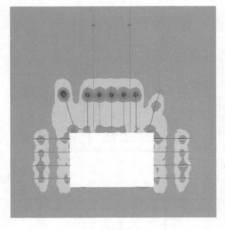 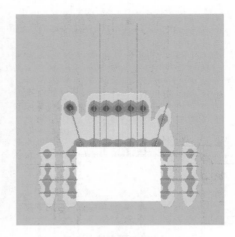

（a）支护方案Ⅰ　　　　　　　　　　　（b）支护方案Ⅱ

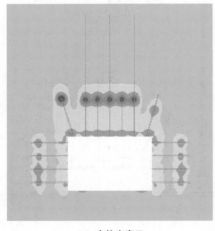 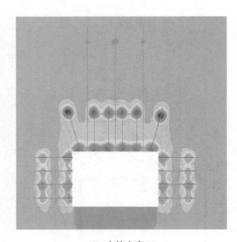

（c）支护方案Ⅲ　　　　　　　　　　　（d）支护方案Ⅳ

图 7-12　各方案垂直切面应力分布云图

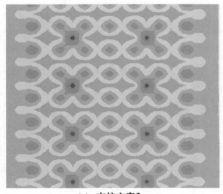 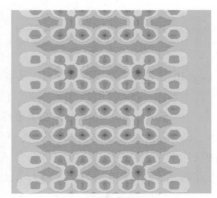

（a）支护方案Ⅰ　　　　　　　　　　　（b）支护方案Ⅱ

图 7-13　各方案水平剖面应力分布云图

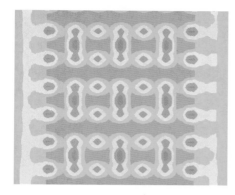 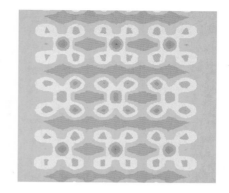

（c）支护方案Ⅲ　　　　　　　　　（d）支护方案Ⅳ

图 7-13（续）

表 7-2　各支护方案巷道顶板下沉量对比情况

方案	顶板下沉量/mm	相对变形量/%
方案Ⅰ	330	57.9
方案Ⅱ	480	84.2
方案Ⅲ	570	100.0
方案Ⅳ	150	26.3

注：相对变形量计算以方案Ⅲ的顶板下沉量为基准。

经过数值模拟研究，选择支护方案Ⅳ作为同忻煤矿回采巷道的支护方案（见图 7-14），方案的具体参数为：巷道顶板采用 6 根左旋无纵筋螺纹钢锚杆＋BHW280×4×5000-900-7型钢带、3 根锚索＋钢托板、网格尺寸为 100 mm×100 mm 的金属网联合支护，锚杆间排距

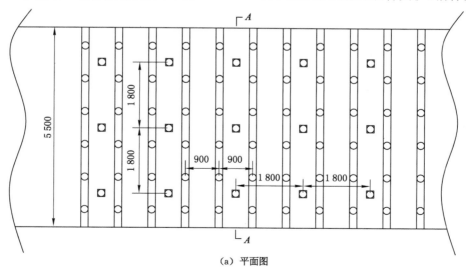

（a）平面图

图 7-14　巷道支护平剖面图

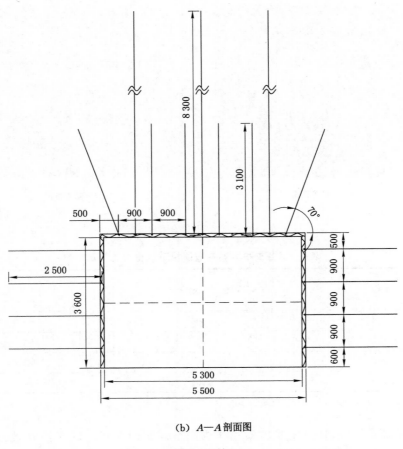

(b) A—A剖面图

图 7-14(续)

为 900 mm×900 mm、直径为 20 mm、长度为 3 100 mm,锚索间排距为 1 800 mm×1 800 mm、直径为 17.8 mm、长度为 8 300 mm;巷道两帮各用 4 根左旋无纵筋螺纹钢锚杆、BHW280×5×450 型钢带托板、网格尺寸为 40 mm×40 mm 的塑料网联合护帮,两帮锚杆间排距为900 mm×900 mm、直径为 20 mm、长度为 2 500 mm。

参 考 文 献

[1] ZHAKISHEVA L. 中亚与中国能源合作研究[D]. 上海:上海外国语大学,2017.

[2] 徐腾飞,王学兵. 近十年我国低瓦斯煤矿瓦斯爆炸事故统计与规律分析[J]. 矿业安全与环保,2021,48(3):126-130.

[3] 朱云飞,王德明,李德利,等. 2000—2016 年我国煤矿重特大事故统计分析[J]. 能源与环保,2018,40(9):40-43.

[4] 于健浩,毛德兵. 我国煤矿顶板管理现状及防治对策[J]. 煤炭科学技术,2017,45(5):65-70.

[5] 许多康. 煤矿顶板事故统计分析及其防控研究[J]. 山东煤炭科技,2018(8):211-213.

[6] 黄继广,马汉鹏,范春姣,等. 我国煤矿安全事故统计分析及预测[J]. 陕西煤炭,2020,39(3):34-39.

[7] DIETZ R S. Continent and ocean basin evolution by spreading of the sea floor[J]. Nature,1961,190:854-857.

[8] HESS H H. History of ocean basins[M]//Petrologic Studies. [S. l. : s. n.],1962:599-620.

[9] 张宏伟,韩军,宋卫华. 地质动力区划[M]. 北京:煤炭工业出版社,2009.

[10] 张宏伟. 地质动力环境评价与冲击地压矿井类型划分[C]//全国煤矿动力灾害防治学术研讨会,2019:37-62.

[11] 张宏伟,马翼飞,段克信. 构造应力与矿区地震[J]. 辽宁工程技术大学学报(自然科学版),1998,17(1):1-6.

[12] 张宏伟,邓智毅. 地质动力区划在岩体应力预测中的应用[J]. 安徽理工大学学报(自然科学版),2004,24(3):9-13.

[13] 宋卫华,张宏伟. 构造区域应力场与煤与瓦斯突出区域预测[J]. 矿业安全与环保,2007,34(4):7-8.

[14] 任啸,韩军,姚海亮,等. 阜新地区矿震与浅源地震相关性研究[J]. 金属矿山,2010(2):141-144.

[15] 韩军,张宏伟,宋卫华,等. 构造凹地煤与瓦斯突出发生机制及其危险性评估[J]. 煤炭学报,2011,36(增刊1):108-113.

[16] 韩军. 煤矿冲击地压地质动力环境研究[J]. 煤炭科学技术,2016,44(6):83-88,105.

[17] 孟召平,彭苏萍,黎洪. 正断层附近煤的物理力学性质变化及其对矿压分布的影响[J]. 煤炭学报,2001,26(6):561-566.

[18] 李志华,窦林名,陈国祥,等. 采动影响下断层冲击矿压危险性研究[J]. 中国矿业大学学报,2010,39(4):490-495.

[19] 陈国祥,窦林名,乔中栋,等. 褶皱区应力场分布规律及其对冲击矿压的影响[J]. 中国

矿业大学学报,2008,37(6):751-755.

[20] 韦四江,支光辉,勾攀峰.滑动构造下回采工作面异常矿压显现规律模拟[J].西安科技大学学报,2010,30(4):402-406.

[21] 支光辉,韦四江,黄春光.告成矿滑动构造顶板矿压观测研究[J].矿冶工程,2011,31(3):22-25.

[22] 封泽鹏.断层附近工作面顶板运动规律影响因素的研究[J].山东煤炭科技,2018(9):184-186,191.

[23] 钱鸣高,缪协兴,何富连.采场"砌体梁"结构的关键块分析[J].煤炭学报,1994,19(6):557-563.

[24] 缪协兴,钱鸣高.采场围岩整体结构与砌体梁力学模型[J].矿山压力与顶板管理,1995(3):4-12.

[25] 贾喜荣.坚硬顶板垮落机理及其工作面几何参数的确定[C]//第三届采场矿压理论与实践讨论会论文集,1986.

[26] 钱鸣高,赵国景.老顶断裂前后的矿山压力变化[J].中国矿业学院学报,1986(4):11-19.

[27] 朱德仁.长壁工作面老顶的断裂规律及应用[D].徐州:中国矿业学院,1987.

[28] QIAN M G,HE F L. Behaviour of the main roof in longwall mining:weighting span,fracture and disturbance[J]. International journal of rock mechanics and mining sciences & geomechanics abstracts,1991,28(1):A53.

[29] 姜福兴.薄板力学解在坚硬顶板采场的适用范围[J].西安矿业学院学报,1991,11(2):12-19.

[30] 宋振骐.实用矿山压力控制[M].徐州:中国矿业大学出版社,1988.

[31] 宋振骐.采场上覆岩层运动的基本规律[J].山东矿业学院学报,1979(1):64-77.

[32] 姜福兴.煤矿采场顶板控制设计咨询系统研制[D].泰安:山东矿业学院,1988.

[33] 姜福兴.岩层质量指数及其应用[J].岩石力学与工程学报,1994,13(3):270-278.

[34] 姜福兴,宋振骐,宋扬.老顶的基本结构形式[J].岩石力学与工程学报,1993,12(4):366-379.

[35] 钱鸣高,缪协兴,许家林,等.岩层控制的关键层理论[M].徐州:中国矿业大学出版社,2003.

[36] 许家林,钱鸣高.关键层运动对覆岩及地表移动影响的研究[J].煤炭学报,2000,25(2):122-126.

[37] 周睿,张占存,闫斌移.关键层效应影响下逆断层活化响应范围力学分析[J].煤矿安全,2016,47(10):194-197.

[38] 翟英达.采场上覆岩层结构的面接触类型及稳定性力学机理[D].北京:煤炭科学研究总院,2002.

[39] 邓广哲.放顶煤采场上覆岩层运动和破坏规律研究[J].矿山压力与顶板管理,1994(2):23-26.

[40] 姜福兴.采场顶板控制设计及其专家系统[M].徐州:中国矿业大学出版社,1995.

[41] 闫少宏,贾光胜,刘贤龙.放顶煤开采上覆岩层结构向高位转移机理分析[J].矿山压力

与顶板管理,1996(3):3-5.

[42] 张顶立,王悦汉.综采放顶煤工作面岩层结构分析[J].中国矿业大学学报,1998,27(4):340-343.

[43] 贾喜荣,翟英达,杨双锁.放顶煤工作面顶板岩层结构及顶板来压计算[J].煤炭学报,1998,23(4):366-370.

[44] 杨淑华,姜福兴.综采放顶煤支架受力与顶板结构的关系探讨[J].岩石力学与工程学报,1999,18(3):287-290.

[45] 吴健,张勇.综放采场支架-围岩关系的新概念[J].煤炭学报,2001,26(4):350-355.

[46] 靳钟铭.放顶煤开采理论与技术[M].北京:煤炭工业出版社,2001.

[47] 谢广祥.综放采场围岩三维力学特征[M].北京:煤炭工业出版社,2007.

[48] 杨科.围岩宏观应力壳和采动裂隙演化特征及其动态效应研究[D].淮南:安徽理工大学,2007.

[49] 苏旭.综放工作面顶煤变形及破断规律分析[J].煤炭科学技术,2011,39(增刊1):7-8,11.

[50] 黄传贤,刘亚,孙建峰.浅谈综采放顶煤支架受力与顶板结构的关系[J].科学中国人,2015(23):38.

[51] 乔懿麟,于水,王金东,等.综采放顶煤支承压力及合理采放比数值模拟研究[J].煤炭技术,2019,38(2):49-51.

[52] 重庆建筑工程学院,同济大学.岩体力学[M].北京:中国建筑工业出版社,1981.

[53] 韩瑞庚.地下工程新奥法[M].北京:科学出版社,1987.

[54] 郑颖人.地下工程锚喷支护设计指南[M].北京:中国铁道出版社,1988.

[55] 王永岩.软岩巷道变形与压力分析控制及预测[D].阜新:辽宁工程技术大学,2001.

[56] 康红普.我国煤矿巷道围岩控制技术发展 70 年及展望[J].岩石力学与工程学报,2021,40(1):1-30.

[57] 陆家梁.在松软岩层巷道中几种新型支护方法的工程试验[J].力学与实践,1986(3):19-27.

[58] 郑雨天.关于软岩巷道地压与支护的基本观点[C]//软岩巷道掘进与支护论文集,1985.

[59] 林崇德.层状岩石顶板破坏机理数值模拟过程分析[J].岩石力学与工程学报,1999,18(4):392-396.

[60] 侯朝炯,郭励生,勾攀峰,等.煤巷锚杆支护[M].徐州:中国矿业大学出版社,1999.

[61] 侯朝炯,马念杰.煤层巷道两帮煤体应力和极限平衡区的探讨[J].煤炭学报,1989(4):21-29.

[62] 朱德仁.岩石工程破坏准则[J].煤炭学报,1994,19(1):15-20.

[63] 朱德仁,王金华,康红普,等.巷道煤帮稳定性相似材料模拟试验研究[J].煤炭学报,1998,23(1):42-47.

[64] 何满潮.世纪之交软岩工程技术现状与展望[M].北京:煤炭工业出版社,1999.

[65] 王俊臣,贾明魁,郭建周,等.关键部位二次组合支护技术及其应用[J].煤炭科学技术,1999,27(10):1-3.

［66］勾攀峰,侯朝炯.回采巷道锚杆支护顶板稳定性分析［J］.煤炭学报,1999,24(5):466-470.

［67］薛亚东,康天合.回采巷道围岩结构与裂隙分布特征及锚杆支护机理研究［J］.煤炭学报,2000,25(增刊1):97-101.

［68］董方庭.巷道围岩松动圈支护理论及应用技术［M］.北京:煤炭工业出版社,2001.

［69］杨双锁.回采巷道围岩控制原理及锚固结构的适应性研究［D］.徐州:中国矿业大学,2001.

［70］侯朝炯,李学华.综放沿空掘巷围岩大、小结构的稳定性原理［J］.煤炭学报,2001,26(1):1-7.

［71］何满潮,景海河,孙晓明.软岩工程力学［M］.北京:科学出版社,2002.

［72］马建宏,韦四江,李小军.直接顶厚度对回采巷道稳定性影响的数值模拟研究［J］.河南理工大学学报(自然科学版),2007,26(6):647-651.

［73］黄炳香,张农,靖洪文,等.深井采动巷道围岩流变和结构失稳大变形理论［J］.煤炭学报,2020,45(3):911-926.

［74］康红普,姜鹏飞,黄炳香,等.煤矿千米深井巷道围岩支护-改性-卸压协同控制技术［J］.煤炭学报,2020,45(3):845-864.

［75］PENG S S,TANG D H Y. Roof bolting in underground mining:a state-of-the-art review［J］. International journal of mining engineering,1984,2(1):1-42.

［76］CHRISTOPHER M. The introduction of roof bolting to US underground coal mines (1948-1960)［C］//Proceeding of 21st International Conference on Ground Control in Mining,2002:150-160.

［77］GALE W J. Strata control utilising rock reinforcement techniques and stress control methods,in Australian coal mines［J］. International journal of rock mechanics and mining sciences & geomechanics abstracts,1991,28(4):A254.

［78］MARK C. Comparison of ground conditions and ground control practices in the United State and Australia［C］//Proceedings of the 17th International Conference on Ground Control in Mining,Morgantown,1998.

［79］SIDDALL R G,GALE W J. Strata control:a new science for an old problem［J］. International journal of rock mechanics and mining sciences & geomechanics abstracts,1993,30(1):A45.

［80］HURT K. New developments in rock bolting［J］. Colliery guardian,1994,242(4):133-138,143.

［81］煤炭科学研究总院北京建井研究所.锚杆支护:煤矿掘进技术译文集［M］.北京:煤炭工业出版社,1976.

［82］WILLIAMS P. The development of rock bolting in UK coal mines［J］. Mining engineering,1994,153(392):307-312.

［83］WARBLE E A J. Rock mechanics design for rock bolting in British coal mines［C］//16th Word Mining Congress,1999:35-39.

［84］康红普.我国煤矿巷道锚杆支护技术发展60年及展望［J］.中国矿业大学学报,2016,

45(6):1071-1081.

[85] 于鸿飞.煤巷锚杆支护初始设计新方法研究[J].机械管理开发,2017,32(8):1-3.

[86] 康红普,姜鹏飞,高富强,等.掘进工作面围岩稳定性分析及快速成巷技术途径[J].煤炭学报,2021,46(7):2023-2045.

[87] 谢正正,张农,韩昌良,等.煤巷顶板厚层跨界锚固原理与应用研究[J].岩石力学与工程学报,2021,40(6):1195-1208.

[88] 康红普,王金华,林健.高预应力强力支护系统及其在深部巷道中的应用[J].煤炭学报,2007,32(12):1233-1238.

[89] 康红普,林健,吴拥政.高应力巷道强力锚杆支护技术及应用[M]//中国岩石力学与工程学会地下工程分会.第十届全国岩石力学与工程学术大会论文集.北京:中国电力出版社,2008:71-78.

[90] 崔非非.注浆锚索和加长锚杆联合支护在沿空掘巷中的应用研究[J].煤炭科技,2021,42(6):122-125.

[91] 姚强岭,李英虎,夏泽,等.基于有效锚固层厚度的煤系巷道顶板叠加梁支护理论及应用[J].煤炭学报,2022,47(2):672-682.

[92] 孙利辉,张海洋,张小建,等.极软煤层动压巷道围岩大变形特征及全锚索支护技术研究[J].采矿与安全工程学报,2021,38(5):937-945.

[93] 邓跃华.高强锚杆在路基边坡支护中的支护效果研究[J].铁道建筑技术,2021(8):75-79.

[94] 王冠赵,路长键,张磊,等.锚注一体化支护在软岩巷道修护中的应用[J].煤炭科技,2021,42(6):126-129.

[95] 王国普,周宏范,常雁,等.锚杆支护体与巷道围岩耦合后力学模型研究[J].煤炭工程,2021,53(12):113-117.

[96] 宫兆民,许亚洲,刘文波.我国锚杆支护技术研究与发展[J].内蒙古煤炭经济,2021(11):29-30.

[97] 施坦库斯,彭,董维武.锚杆支护新进展[J].中国煤炭,1997(2):44-47.

[98] 周贤山,杨科,贝庆丰.深部煤巷锚杆支护可靠性研究[J].煤矿支护,2006(4):30-34.

[99] 哈依斯.岩层控制技术的发展现状[C]//国外锚杆支护技术译文集,1997.

[100] 陈玉祥,王霞,刘少伟.锚杆支护理论现状及发展趋势探讨[J].西部探矿工程,2004(10):155-157.

[101] 林崇德,赵歌今.困难条件下煤巷锚杆支护技术[J].中国煤炭,1997(6):36-38.

[102] 额尔敦毕力格.煤矿掘进巷道锚杆支护技术研究[J].内蒙古煤炭经济,2020(7):54-55.

[103] 刘浩挺.新元煤矿相邻煤层开采工艺及工作面矿压显现规律研究[D].徐州:中国矿业大学,2021.

[104] 张琰崇,纪海玉,吕嘉锟,等.不同水平应力下上行开采覆岩运动规律[J].煤炭技术,2018,37(11):71-73.

[105] 张冯,张华磊,涂敏.薄基岩采场覆岩运动规律及压架防治技术研究[J].煤炭工程,2021,53(12):103-107.

[106] 钱鸣高,许家林.煤炭开采与岩层运动[J].煤炭学报,2019,44(4):973-984.

[107] 张兆民.采高对采空区下坚硬顶板运动规律影响研究[J].中国煤炭,2018,44(3):77-81.

[108] 孔令海.特厚煤层大空间综放采场覆岩运动及其来压规律研究[J].采矿与安全工程学报,2020,37(5):943-950.

[109] 张臣.多断层下盘工作面采动应力分布特征及覆岩结构演化规律[D].青岛:山东科技大学,2020.

[110] 史留杰.采煤工艺参数对工作面围岩控制的影响分析[J].山西化工,2020,40(4):124-126.

[111] 李云飞,解振华,杨龙龙.综采工作面不规律生产期间矿压显现规律分析[J].陕西煤炭,2021,40(5):14-16,25.

[112] 刘卓然,赵高博.综放开采覆岩"两带"高度影响因素及预测模型研究[J].中国安全生产科学技术,2021,17(5):60-66.

[113] 许延春,李俊成,刘世奇,等.综放开采覆岩"两带"高度的计算公式及适用性分析[J].煤矿开采,2011,16(2):4-7.

[114] 康永华,黄福昌,席京德.综采重复开采的覆岩破坏规律[J].煤炭科学技术,2001,29(1):22-24.

[115] 李开鑫,柳昌涛,王昊楠.巨厚松散层下综采工作面地表沉陷规律及其采厚效应[J].矿山测量,2021,49(5):22-26.

[116] 缪协兴,张吉雄.矸石充填采煤中的矿压显现规律分析[J].采矿与安全工程学报,2007,24(4):379-382.

[117] 张吉雄,吴强,黄艳利,等.矸石充填综采工作面矿压显现规律[J].煤炭学报,2010,35(增刊1):1-4.

[118] 史金彪,朱铁明.利用综采放顶煤液压支架实现长壁工作面采空区充填系统的研制与应用[J].中国高新技术企业,2010(36):67-68.

[119] 李凤义,王禹清,陈雷,等.交错式充填对采空区上覆岩层的影响[J].黑龙江科技大学学报,2014,24(5):517-519.

[120] 田镜楷.高承压工作面膏体充填开采技术应用研究[J].山东煤炭科技,2021,39(11):205-206,209.

[121] 范浩.我国煤矿充填开采的研究进展[J].煤炭技术,2015,34(1):7-8.

[122] 范学理,刘文生,赵德深,等.中国东北煤矿区开采损害防护理论与实践[M].北京:煤炭工业出版社,1998.

[123] 赵德深,范学理.矿区地面塌陷控制技术研究现状与发展方向[J].中国地质灾害与防治学报,2001,12(2):86-89.

[124] 杨伦,于广明,王旭春,等.煤矿覆岩采动离层位置的计算[J].煤炭学报,1997,22(5):477-480.

[125] 郭惟嘉.覆岩沉陷离层发育的解析特征[J].煤炭学报,2000,25(增刊1):49-53.

[126] 高延法,牛学良,廖俊展.矿山覆岩离层注浆时的注浆压力分析[J].岩石力学与工程学报,2004,23(增2):5244-5247.

[127] 王志强,郭晓菲,高运,等.华丰煤矿覆岩离层注浆减沉技术研究[J].岩石力学与工程学报,2014,33(增1):3249-3255.

[128] 苗健,霍超,齐宽.李村煤矿覆岩离层注浆关键层位置分析与判别[J].内蒙古煤炭经济,2020(5):5-6,9.

[129] 邓起东.中国活动构造研究的进展与展望[J].地质论评,2002,48(2):168-177.

[130] 马杏垣.中国岩石圈动力学纲要[M].北京:地质出版社,1987.

[131] 张培震,王琪,马宗晋.中国大陆现今构造运动的GPS速度场与活动地块[J].地学前缘,2002,9(2):430-441.

[132] 张豫生.基于地质构造的煤与瓦斯突出预测研究[D].阜新:辽宁工程技术大学,2006.

[133] 张跃刚,胡新康.华北地区块体及其边界的相对运动[J].大地测量与地球动力学,2005,25(1):47-50.

[134] 王贞海.口泉断裂带中段断裂组合特征及活动性研究[J].山西建筑,2008,34(35):124-125.

[135] 谢新生,江娃利,王瑞,等.山西大同盆地口泉断裂全新世古地震活动[J].地震地质,2003,25(3):359-374.

[136] 张岳桥,施炜,董树文.华北新构造:印欧碰撞远场效应与太平洋俯冲地幔上涌之间的相互作用[J].地质学报,2019,93(5):971-1001.

[137] 李忠亚,胡敏章,李辉.华北地区重力势能差水平构造应力分布特征[J].大地测量与地球动力学,2017,37(9):908-912.

[138] 康红普.煤矿井下应力场类型及相互作用分析[J].煤炭学报,2008,33(12):1329-1335.

[139] 蔡美峰,彭华,乔兰,等.万福煤矿地应力场分布规律及其与地质构造的关系[J].煤炭学报,2008,33(11):1248-1252.

[140] 崔效锋,谢富仁,李瑞莎,等.华北地区构造应力场非均匀特征与煤田深部应力状态[J].岩石力学与工程学报,2010,29(增1):2755-2761.

[141] 王晓山,吕坚,谢祖军,等.南北地震带震源机制解与构造应力场特征[J].地球物理学报,2015,58(11):4149-4162.

[142] 李红星,郎学聪,王永刚.山西煤矿地应力分布特征及其应用研究[J].能源与环保,2019,41(12):93-97.

[143] 刘东娜.大同双纪含煤盆地煤变质作用与沉积—构造岩浆活动的耦合关系[D].太原:太原理工大学,2015.

[144] 刘爱荣,徐永婧,刘成林,等.大同盆地质特征及构造演化研究[J].现代地质,2021,35(5):1296-1310.

[145] 罗晓华,杨明慧,贾春阳,等.晋北地区口泉断裂带晚中生代分段构造特征[J].现代地质,2019,33(3):551-560.

[146] 贾春阳.晋北中新生代断裂构造特征及成因机理[D].北京:中国石油大学(北京),2018.

[147] 丁学文,霍魁,冯凯宇,等.口泉断裂郊城段断裂展布特征及其活动性研究[J].山西地震,2021(1):15-19

[148] 丁国瑜,卢演俦.华北地块新构造变形基本特点的讨论[J].华北地震科学,1983,1(2):1-9.

[149] 徐锡伟.山西地堑系的新构造活动特征及其形成机制[D].北京:国家地震局地质研究所,1989.

[150] 邓起东,徐锡伟.山西断陷盆地带的活动断裂和分段性研究[M]//国家地震局地质研究所编.现代地壳运动研究.北京:地震出版社,1995:225-242.

[151] 王乃樑,杨景春,夏正楷,等.山西地堑系新生代沉积与构造地貌[M].北京:科学出版社,1996.

[152] 徐伟,刘旭东,张世民.口泉断裂中段晚第四纪以来断错地貌及滑动速率确定[J].地震地质,2011,33(2):335-346.

[153] 张宏伟,于斌,霍丙杰,等.口泉断裂力学特征及其对大同矿区矿井动力现象的影响[J].同煤科技,2016(5):1-4,7.

[154] 谢广祥.综放工作面及其围岩宏观应力壳力学特征[J].煤炭学报,2005,30(3):309-313.

[155] 宋桂军,李化敏.布尔台矿综放工作面端面冒顶影响因素研究[J].采矿与安全工程学报,2018,35(6):1170-1176.

[156] 徐燕飞,安士凯,徐翀,等.坚硬顶板综采工作面推进速度对矿压规律影响研究[J].中国安全生产科学技术,2019,15(10):88-94.

[157] 闫小军.大采高工作面过断层矿压显现特征分析[J].煤,2022,31(1):89-92.

[158] 于健浩,李高建,李岩,等."双软"煤层工作面矿压显现规律及顶板活动特征研究[J].煤炭工程,2021,53(12):108-112.

[159] 王焕斌.高河煤矿E2311综放工作面沿空留巷围岩控制技术研究与应用[J].煤,2021,30(12):86-88,96.

[160] 李易霖."两硬"短工作面综放开采顶煤冒放性及顶板控制技术研究[D].青岛:山东科技大学,2009.

[161] 朱雁辉,张东峰,安宏图.浅埋深大采高坚硬顶板工作面矿压显现规律研究[J].煤炭技术,2014,33(11):158-161.

[162] 赵小军.工作面坚硬顶板矿压规律理论分析[J].煤炭科技,2016(2):117-119.

[163] 夏彬伟,李晓龙,卢义玉,等.大同矿区坚硬顶板破断步距及变形规律研究[J].采矿与安全工程学报,2016,33(6):1038-1044.

[164] 王中伟.综采面采动影响下坚硬顶板矿压显现规律浅析[J].能源技术与管理,2021,46(2):95-97.

[165] 徐刚,于健浩,范志忠,等.国内典型顶板条件工作面矿压显现规律[J].煤炭学报,2021,46(增刊1):25-37.

[166] 崔世荣.大采高工作面覆岩移动规律及顶板控制技术[J].煤,2021,30(2):52-54.

[167] 钱鸣高,石平五,许家林.矿山压力与岩层控制[M].2版.徐州:中国矿业大学出版社,2010.

[168] 缪协兴,浦海,白海波.隔水关键层原理及其在保水采煤中的应用研究[J].中国矿业大学学报,2008,37(1):1-4.

[169] 孔海陵,陈占清,卜万奎,等.承载关键层、隔水关键层和渗流关键层关系初探[J].煤炭学报,2008,33(5):485-488.

[170] 高喜才,伍永平,曹沛沛,等.大倾角煤层变角度综放工作面开采覆岩运移规律[J].采矿与安全工程学报,2016,33(3):381-386.

[171] 孙学阳,刘亮东,李成,等.基于相似材料试验特厚煤层分层开采对断层影响研究[J].煤炭科学技术,2019,47(2):35-40.

[172] 申建军,董瑞,任柏惠,等.基于正交试验的岩层相似材料配比研究[J].煤炭技术,2020,39(7):148-151.

[173] 贾龙.基于 GOCAD 的三维地质建模研究[J].内蒙古煤炭经济,2021(7):190-191.

[174] 刘安强,王子童.煤矿三维地质建模相关技术综述[J].能源与环保,2020,42(8):136-141.

[175] 柳庆武.基于钻孔资料构造—地层格架三维建模[D].武汉:中国地质大学,2004.

[176] 王敬谋.煤矿三维地质模型的建立方法与应用[J].淮南职业技术学院学报,2018,18(1):6-7.

[177] 李章林,王平,李冬梅,等.一种新的插值计算方法的研究与应用[J].中国矿山工程,2008,37(1):39-43.

[178] 侯忠杰,谢胜华.采场老顶断裂岩块失稳类型判断曲线讨论[J].矿山压力与顶板管理,2002(2):1-3.

[179] 肖福坤,段立群,葛志会.采煤工作面底板破裂规律及瓦斯抽放应用[J].煤炭学报,2010,35(3):417-419.

[180] 霍志超,刘遵利,胡强强,等.深部开采底板岩层损伤破裂演化过程模拟研究[J].中州煤炭,2015(10):68-70.

[181] 李家卓,谢广祥,王磊,等.深部煤层底板岩层卸荷动态响应的变形破裂特征研究[J].采矿与安全工程学报,2017,34(5):876-883.

[182] 朱术云,姜振泉,侯宏亮.相对固定位置采动煤层底板应变的解析法及其应用[J].矿业安全与环保,2008,35(1):18-20.

[183] 朱术云,姜振泉,姚普,等.采场底板岩层应力的解析法计算及应用[J].采矿与安全工程学报,2007,24(2):191-194.

[184] 李高正.煤矿强矿压预防技术应用研究[J].河南理工大学学报(自然科学版),2008,27(2):140-147.

[185] 鲁岩.构造应力场影响下的巷道围岩稳定性原理及其控制研究[D].徐州:中国矿业大学,2008.

[186] 曹民远,李康,闫瑞兵,等.倾斜煤层区段煤柱爆破卸压工程应用[J].煤炭科学技术,2021,49(12):104-111.

[187] 赵峰,齐俊德,丁自伟.华亭煤矿强矿压动力灾害防治技术分析[J].煤田地质与勘探,2015,43(6):75-79.

[188] 鲁俊,尹光志,高恒,等.真三轴加载条件下含瓦斯煤体复合动力灾害及钻孔卸压试验研究[J].煤炭学报,2020,45(5):1812-1823.

[189] 郝志勇,李志伟,潘一山.冲击倾向性煤层注水对钻进中吸钻卡钻的影响及试验[J].

煤田地质与勘探,2020,48(3):231-238.

[190] 张民波,吕栋男,卜庆想.大淑村矿 172405 工作面煤层注水防突技术研究及应用[J].煤炭技术,2018,37(4):134-136.

[191] 张珏祺.高应力软岩巷道定量让压支护技术研究[J].山东煤炭科技,2018(9):18-19,21.

[192] 李叶飞,覃良厅,冯建辉.音频大地电磁法基于 EH4 连续电导率成像系统在广西南丹某矿区溶洞勘探中的应用研究[J].世界有色金属,2020(9):247-248.

[193] 杨逾,梁鹏飞.基于 EH-4 电磁成像系统的采空区覆岩破坏高度探测技术[J].中国地质灾害与防治学报,2013,24(3):68-71,77.

[194] 胡斌,吴信民,张振坤.EH4 在寻找地下水中的应用研究[J].科技广场,2014(12):24-28.

[195] 周茜茜,雷宛,邓唯淅,等.EH4 电磁成像系统在矿山勘查中的应用[J].世界有色金属,2018(18):123,125.

[196] 朱庆林,刘洪伸.EH4 电磁测深在地质找矿中的应用研究[J].世界有色金属,2018(14):101-103.

[197] 邓在刚,朱春名,李汤伟.EH4 电磁系统在川南严重干旱地区找水中的应用[J].四川地质学报,2019,39(增刊1):171-175.

[198] 贺小盼.EH4 电磁法在煤矿采空区勘探中的应用[C]//河南省地质学会 2019 年学术年会论文集,2019:119-122.

[199] 倪昕旭,刘寅.EH-4 大地电磁测深在隧洞工程断层探测中的应用[J].内蒙古水利,2021(6):50-51.

[200] 王文霞,杜红旺,张悦.EH4 电磁成像系统在玉渡山隧道构造识别中应用[J].地质论评,2021,67(增刊1):45-46.

[201] 张洋洋,张峰.EH4 大地电磁探测技术在采空区探测中的应用[J].矿山测量,2021,49(1):17-19.

[202] 袁忠,孙鹏飞,贾智勇.瞬变电磁、EH4 在新疆伊南煤田阿尔玛勒煤矿采空区勘探中的应用[J].西部资源,2016(6):15-16,74.